U0345600

小创意
大幸福
这样装修不会乱花钱

[韩] 韩国三星出版社编辑部 著　王梦君 译

电子工业出版社
Publishing House of Electronics Industry
北京·BEIJING

与您只在
脑海中描绘
过的漂亮
的家约会

以自己独一无二的风格来挑战家装吧

对于我们来说，家是一个如同母亲怀抱的地方，也是我们感受家人之爱的地方，更是我们疲惫的身心得到安慰的地方。正因如此，我们需要家装。家需要舒适感和风格共存，正像必须慎重挑选，长久穿着的冬装大衣，而不是轻易购买，穿烦了就扔掉的夏日T恤。

因为是租来的房子，或者因为花费过多而犹豫是否装修？想要装修漂亮却不知道应该怎样去做？
从复古风到最近流行的现代自然风，参考本书所载的38个装修案例，浏览各种装修主题的家，或许你能从中得到启发。在这本书里还能找到丰富的装修店铺指南和有设计感的灯光运用法，以及易学的粉刷要领等创造自己的装修风格的秘诀。

现在，就和本书一起，开始装修自己的家吧。不畏惧失败，从最容易的开始，一点一点实验，不知不觉中，你的水平就会有日新月异的变化。最终，你会完成一个完全属于自己风格的漂亮的家。

本书中出现的
房屋面积都是按照建筑面积
来标记的。
韩国的建筑面积单位为"坪"，
1坪＝3.30378平方米。

针对有效装修施工的
实战建议
10

1 具体化自己钟爱的风格
开始施工前要仔细考虑自己想要的装修风格。从网络或者杂志上寻找并整理自己满意的装修风格，渐渐构思出自己想要的装修样板。将喜欢的风格细化为颜色、家具、建筑装饰材料等，并进行具体的整理工作，对于将想要的装修变成现实大有裨益。

2 把握家人的生活方式
根据要施工的房子是自己居住还是要租赁的不同，施工的范围和费用也会不同。此外，家人主要在怎样的空间生活、什么类型的东西多、有没有孩子都会让装修重点变得不同，所以准确把握家人的生活方式很重要。

3 把握现有装修的问题点
装修的目的在于将旧居整修得干净整洁，同时改善那些生活中不太方便的地方。因此，细致地把握好房屋的动线、收纳、漏水等方面的问题，将会获得更加令人满意的装修效果。

4 制定详细的计划
选择哪种装饰材料，现有的家具能多大程度的利用，应该怎样布局，施工的范围到哪里，这些计划制定得越详细就越可能获得满意的结果。

5.区别亲自施工的和委托施工的项目
在装修费用中，人工费的比例高，所以亲自来做简单的施工可以大量地节约费用。如果计划经常改变装修，那么就从油漆或者裱糊一类比较简单的工程开始积累实力吧。但是，施工的难度越高，委托给装修公司就越高效。一旦决定委托给装修公司，就要仔细地计划是要分部分委托给不同的公司，还是要将全部工程委托给同一家公司。

6 选择装修公司

在选择装修公司以前，必须进行市场调查，因为调查可以让你把握大概的施工费用、材料费用和最新趋势。最好在仔细查看装修公司的施工作品和施工评价后，选定几个候选公司，然后要求他们提供报价。特别是，在要求报价的时候要详细告知你的要求，这样才能得到接近实际施工费用的报价。

7 签订合同

合同书里面必须详细规定工程日期、具体的施工材料、定金和批次交款的金额以及支付日期、人工费、事后管理等一切条款。因为合同书是今后一旦产生问题时判断的依据。开始施工后，最好随时确认合同书的内容和实际施工有没有差别。

8 熟悉施工日程

了解每个阶段的施工日程才能在有变更需要的时候进行反映。房屋改造工程一般按照下面的顺序来进行：拆除—主体框架—电路—设备—浴室—木工活—粉刷—打磨—地板—裱糊—厨房家具—家具—电路施工扫尾—清扫。

9 向物业申报

开始施工前一定要向物业进行申报，按照程序进行。并且事先获得邻居的谅解以免产生摩擦。

10 仔细检查并要求售后服务

施工结束后，如果有漏掉的事项或者不满意的部分，在支付余款前向装修公司说明并接受售后服务。这时要将角角落落仔细检查后，列出清单，然后交给装修公司，才能彻底地进行扫尾。牢记：这个步骤必须要在工程结束后立刻进行，才能减少与装修公司的摩擦。

定制家具——有限空间，无限利用

10
坪

10坪左右的房屋最重要的就是空间利用。
需要有方案来摆放占地小同时又能解决收纳
问题的家具和恰当的装饰品，
从而尽可能充分利用空间。

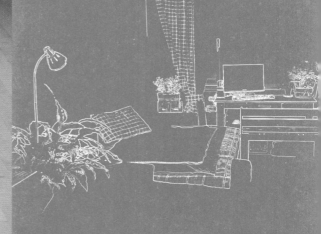

1

简约的定制家具营造宽敞的单身公寓

没什么比将有限的空间充分利用更难的事情了。像一般的职业女性一样，曹奴丽
有很多衣服和书籍等物品，她装修的第一个主题就是彻底的收纳。曹奴丽的姐夫
金东贤为了解决这个问题，亲手打造了正好适合房屋大小的家具。

data

家庭构成	房屋结构	特点	主页
单身女性	12m²(4坪，独立住宅的一部分）	为了最大化地利用狭窄的空间，配置了定制家具。特点是充分利用墙壁上安装的置物架，整洁地收纳了很多小物品。	blog.naver.com/poderosa3

单身公寓

利用合理的家具摆放和收纳，解决了在单身公寓这样极度局限的空间里必须容纳下多种功能的问题。使用体积小的家具、安装简单的衣架，使房间看起来更宽敞。充分利用壁挂式置物架和边角空间也是不错的主意。

> 增加舒适感的室内鞋是在10×10（www.10×10.co.kr)上购买的。

1_使空间显宽敞的矮床

越是狭窄的空间越要空出一面墙来，才能看上去敞亮。床要尽可能地做低，使它不遮挡窗户，这样给人安全感的同时使空间看上去更大。

2_选择紧凑的简单家具

单身公寓里使用的家具最好尽可能简单。姐夫金东贤制作的原木材质书桌是十分适合小空间的简单款式，不易生厌。

3_给小房间增加趣味的小物品

小房间里，利用小物品给以少许的变化，房间的气氛就会有明显的不同。床头上方的墙壁挂上搁板，摆设了原色相框和花盆等增加舒适感的小物件。搁板的下面利用绳子和夹子制作了悬挂照片和便条本的挂架。

4_利用壁面搁板的收纳

利用壁面搁板能够最大化地节约空间。使用结实的铁质搁板来收纳CD和DVD，不但整洁，还具有装饰效果。

1 床、桌子、原木搁板都是姐夫金东贤亲手制作的。
2 壁挂式铁质搁板和椅子是宜家的产品。

5 | 6

可一物多用的高脚凳是宜家的产品。

5 梳妆台和原木搁板是姐夫金东贤亲手制作的。

7

5_柜子与梳妆台一体的多功能家具

房间不宽敞，就要抛掉对于家具的旧观念。在柜子上面的空间装上镜子，设置上局部照明，柜子就变身为了梳妆台。仅把常用的化妆品放在柜子上，剩余的收纳在镜子上方的搁板上，感觉更加有条理。

6_衣架代替衣柜，表现出色

衣柜固然能将衣服收纳得整齐条理，但占地太大，使小房间显得更加局促。但仅放衣架又不太美观。姐夫金东贤用方木做成框架，然后悬挂上柔软的象牙色粗布进行遮挡，每格上放置铁篮，不但通风良好，还容易找到所收纳的衣服。

7_格子书架

如果书籍多，但空间狭窄的话，试着将一面墙壁做成书架吧。不同大小和颜色的书籍整齐排列在一起，还会起到出色的装饰效果。此时要铭记：书架的高度越低，就越显得房间不那么狭窄。

增加空间格调的灯光利用法

增加韵致的落地灯
客厅空间如果尚有余地，尝试下落地灯吧。灯罩不同，味道也会不同。

异国风情的复古灯
仅凭一盏设计独特的灯，也能为客厅增添新鲜的氛围。

色彩艳丽的吊灯
清爽的红色灯光，唤起空间的活力，特别是给现代化的装修增加亮点。

有趣的轨道灯
电线原样呈现在外的轨道灯，可以调整高度，赋予空间节奏感。

造就古典感的枝形吊灯
古典的装修，当然离不开枝形吊灯。除了客厅，作为厨房照明也毫不逊色。

增加食欲的橙色吊灯
温暖的橙色灯光增加暖意，唤起食欲。仅有这样一个突出感性设计的照明也能够转换气氛。

1

布艺品混搭的怀旧风

日积月累的衣服和化妆品让单身女性的13坪单身公寓显得并不是那么大。徐世恩家有效利用小空间的方式展示了独特的怀旧风格。这里介绍的是她独有的超越现有空间利用层次的无尽创意。

data

家庭构成	房屋结构	特点	主页
单身女性	43m²（13坪单身公寓） 客厅兼卧室、厨房、浴室	简单的黑白色调和大胆的布艺品混搭而成的怀旧风单身公寓。活用房屋死角有效利用小空间。	Blog.naver.com/ damei3

单身公寓

安装梯形搁板或者在床尾放置书桌，将床活用为椅子等有效利用小空间的创意表现突出。

在网上跳蚤市场购买的画框套装，适合填充墙壁空白。

2

1_精心利用每寸空间的万能单身公寓

单身公寓的关键点是一个空间多种功能。把空间分成两半，一半是卧室和书房，另外一半用作客厅。客厅一半放置双人沙发和方便移动的插入式桌子，就能更宽绰地使用空间。

2_聪明地用好每个夹缝

在单身公寓里哪怕空置一个夹缝都很可惜，安放书桌后，剩余的空间里放上梯形搁板架，收纳书和小物件。床尾放上书桌，把床当作椅子也是不错的创意。角角落落里安放的局部照明不但营造着温馨的氛围，而且令空间看起来更加立体了。

3_利用小巧玲珑的复古小品

对装修感兴趣，所以哪怕一个小物件也很用心。人气很高的这款复古电视机现在是已经断货的稀有商品。与玩具一般的外形不同，它是一款连数字信号都能接收的正经八百的电视。

4_弹力舒适的摇椅

享受着午后的温暖阳光来休息是每个人都会梦想的甜美浪漫的事。床旁的窗边放一把摇椅，营造一个悠闲的休息空间。

3

1 白色沙发和熊型单人沙发为宜家产品。怀旧风靠垫是kitty-bunnypony（www.kitty-bunnypony.com）的产品。红色靠垫是在homeplus购买的。窗帘和寝具是在myhom-estylist(wwww.myhom-estylist.com)上购买的。

2 梯形搁板架为宜家产品。夹式台灯是在cocorobox(wwww.cocorobox.com)上购买的。

4

1

有品位地利用空间的复式单身公寓

网站设计员孙润贞主妇的家是打破了旧观念突出空间利用的典型例子。
一般的复式结构都是将狭窄的上层做卧室，下层做客厅使用，但在这个家里正好相反，上层是客厅，下层是卧室兼客厅。一物多用的多功能家具令家里显得并不那么局促。

data

家庭构成	房屋结构	特点	主页
夫妻二人	63m²(19坪复式单身公寓) 客厅兼卧室、厨房、浴室，2层	根据复式单身公寓空间的特点装修。对空瓶、不能使用的咖啡壶等普通物件赏心悦目的设计也是突出的一点。	Blog.naver.com/ hiroandj

单身公寓

下层以自然色彩为基调，装饰青翠的绿色植物。占空间极少的沙发床和爱尔兰书桌，以及对楼梯下面零碎空间的利用等，都可以看出房主对空间的灵活利用。

不管盛上什么都很好看的小篮子购买自一山农协花卉园区。

1_绿色植物和自然色调的和谐
房间整体以自然色调从容演绎，在各个角落放置绿色植物添加生机。

2_节省空间的沙发床
为了避免大床给空间带来的拥堵感，而选择了沙发床。大小足够夫妻一起躺下，还可以根据布局多重利用。沙发下面甚至还有隐藏的额外收纳空间。

3_给窗边增添灵性的小物品
由于职业特点，个人时间主要在电脑前面度过，所以在窗边的装修上比其他地方花了更多的心思。桌子周围放上设计感不错的小物品和花草，营造一道闲适的风景。

1 遮帘购自raumstudio(www.raumstudio.co.kr)。
沙发床是deurens(www.deurens.co.kr)的产品。
2 靠垫是itsroom(www.itsroom)的产品。

4 透明感的白色线帘有效隔离空间的同时还给人以清爽感。

5 6

4_线帘里的隐蔽空间

在遮挡或者隔离空间的时候，可以有效地使用线帘。虽然线帘比普通的窗帘减少了沉重感，但一不小心就会显得廉价，所以在选择颜色和式样的时候，必须留心。与木头材质十分搭配的白色线帘给人一种清凉感。

5_漂亮的迷你园艺创意

不要只执着于盆栽，试着在玻璃瓶或者易拉罐等周围常见的小物品中种上植物吧，以独特的混搭来打造出不落痕迹的自然氛围。

6_划分居室空间的爱尔兰桌

单身公寓的空间划分不同，利用度也就不同，长长的客厅和厨房之间安放自己制作的爱尔兰桌，放置L形的收纳柜体。柜子上面放上镜子和化妆品，就成为了简易梳妆台。

7_利用生活小物件的物品摆放

将两三个木盒、小篮子、空瓶等普通的生活用品摆放在一起也会成为有意思的艺术品。

> 做旧的天然
> 木桶是购买自一山农
> 协花卉园区。

6 爱尔兰桌和柜子是自己制作的。
7 藤篮和收纳容器购买自Modern House。

7

23

MONKEY
GORILLA
LEMUR MONKEY
CHIMPANZEE
SQUIRREL MONKEY
KING KONG
ORANGUTAN

PEOPLE..

最大化地利用边角空间

20 坪

20 坪左右的房子的利用根据收纳情况的不同，
有可能像 10 坪的房子，也有可能像 30 坪的
房子。利用简约的收纳工具和家里
角角落落的空间，试着利落地整理一下吧。

1

强调色彩感的家具房

孩子一出生，新婚时候的装修就彻底泡汤了。满屋都是儿童用品，所谓装修的要素，收纳功能就成为了全部。有着4岁儿子才允的崔罗静主妇的苦恼也是从这里开始的，最后她下了一个结论，与其把孩子的东西藏起来，还不如让它们本身成为装饰品。让多彩的儿童用品来扮演装饰物的角色，就这样，一个显示着主妇智慧的空间就完成了。

data

家庭构成	房屋结构	特点	主页
夫妻二人 儿子（4岁）	79m²（24坪公寓） 客厅、3个房间（卧室、儿童房、书房）、厨房、浴室2个、阳台	整个家都是按照孩子的生活方式来装修的。外国物品和孩子的玩具搭配在一起，就像一个装修品牌复合店。	Blog.naver.com/ solovingu

客厅

客厅里大胆地去掉电视机，在那个位置放满孩子喜欢的书和玩具。把孩子的玩具容易打乱房间布局的旧观念扔掉，试着和各种装饰品搭配起来。

1_用绿色调的绘画来让墙壁成为画布
想要让孩子的用品成为装饰物，需要与之搭配的背景。客厅一面墙用绿色涂满，再布置上可爱的小物件和玩具，感觉更加有条理了。有着鲜艳彩色房顶的布艺小房子是在LILY and COCO购买的，着实成为了孩子自己的秘密据点。

2_代替电视的书柜
书柜上放上设计美观的玩具和小物件来搭配画册，就能营造出可爱的氛围。

3_玩具成为亮点
玩具原木手推车上并排放上动物人偶，就有了装饰效果。手推车是德国的教具品牌selecta（selecta.kr）PAULA玩具车的模型，能帮助孩子练习学步，同时还能帮助孩子养成自己整理玩具的习惯。没表情的小猫玩偶是Donna Wilson的作品，在rooming(www.rooming.co.kr)上可以买到。

4_带进家的异国风情
在与真实红鹤一模一样的人偶后面，放上再现欧洲街景的隔断，于是房间里就有了异国氛围。

1 原木厨房游戏场地购自woodplaying(www.woodplaying.com)。
落地灯是watts(www.wattslighting.com)的产品。
小鹿和企鹅靠垫购自indetail(www.indetail.co.kr)。
热气球活动风铃是rooming(www.rooming.co.kr)的产品。
壁面是用Benjamin Moore绿漆粉刷的。
2 书橱是在market-m（www.market-m.co.kr)上购买的。
原声音响是 TIVOLI的产品。
4 红鹤人偶都是hansatoy(www.hansatoy.kr)的产品。
艺术隔断是francfranc(www.francfranc)的产品。

1 床是德国LIFETIME FURNITURE的产品，在capretti(www.capretti.co.kr)上可以买到。
空间箱是elssi(www.elssi.kr)的产品。落地灯是宜家的产品。
2 画框是在gemgem(cafe.naver.com/gemg-embaby)上购买的。
鸟笼风铃是Alimrose Design 的产品。
3 书桌套装是ALEX的产品，是在happyfolding(www.happyfolding.co.kr)上购买的。
窗帘是intheg（www.intheg.co.kr)的产品。

儿童房

100%盛满孩子妈妈的心思的空间。家具和玩具、墙壁上挂的图片都是考虑到孩子的安全和情感发育而选择的，设计独特的家具和小物品多是从海外网站上购买的，是查看国内外装修杂志和在线网站不懈地查找新商品的收获。

1_培养想象力的有趣家具
游戏就是学习，孩子不仅仅通过玩具也能通过家具获得学习的效果。才允的房间就像是童话里的王国，里面装着的都是能够当作游戏空间的家具。就连边角空间也被利用起来，摆放上两种颜色的收纳柜，来条理地整理物品。

2_天真烂漫的墙面装饰
为了与客厅的感觉统一起来，在用深绿色漆粉刷过的墙壁上挂上天真烂漫的卡通图片。枕边挂上风铃，能够刺激孩子的好奇心和想象力。

3_供游戏和学习的迷你书桌
床的旁边放置了正适合孩子高度的书桌套装，棱角是磨圆的，以免伤到孩子，上面还带有能够支撑起纸张的支架和能够保管物品的口袋。

厨房

与家中其他空间不同，厨房用鲜艳的橙色来装饰，其中充满了各种特有感觉的装修元素，如生动的厨房小物品、诙谐的图画，以及孩子做的磁铁小黑板等。

1_用橙色来装扮的个性十足的厨房

厨房使用与客厅的绿色调形成对比的橙色，装点出一种明快的氛围。与原木桌子十分搭配的工业吊灯，保证家人度过有气氛的晚餐时间。

2_诙谐的图画装饰

配合整个装修，再挂上新人设计师的个性作品就完成了整个明快的装修。她选择的画是法国设计师Zoe de Las Cases 的儿童素材的作品。

3_灵气的北欧设计小品

最近，简单又俏皮的北欧式设计在主妇中非常有人气，她也着迷于北欧设计，所以搜集着各种品牌的商品。薄荷色水壶是丹麦设计师曼格努森（Erik Magnussen）的畅销商品，有保温保冷的功能，很实用。瑞典设计师的杯子和插画桌布同样为厨房增添了感觉。

4_洗涤槽上的涂鸦空间

孩子跟着妈妈在厨房的时间很多，所以在橱柜上做了一个磁铁小黑板，这个创意很出色。只要有白铁皮和薄板，在家也很容易制作。

这个有着小巧玲珑尾巴的瓷木马是designpilot「www.designpilot.net)的产品。

1.桌椅是在sedec（www.sedec.kr）上购买的。
儿童餐椅是Esprit的产品。
灯是Watts的产品，桌布购自rooming。
2 画是在jaimeblanc（www.jaimeblanc.com）上购买的。
3 红酒瓶烛台是designpilot(www.designpilot.net)的产品，杯子购自rooming。

1

柔和的白色打造魅力之家

这是相差3岁的两个孩子和夫妇一起居住的一山的一栋公寓，家中到处都是家人照片和孩子们喜欢的人偶。温馨的小物品虽多，看上去却不凌乱，这多半是源于美术专业的郭静雅夫妇的艺术感觉。看着这样一个温暖得接近人的体温的空间，能够感受到幸福的秘诀就是爱家人和家。

data

家庭构成	房屋结构	特点	主页
夫妻二人 女儿（7岁） 儿子（4岁）	76m²（23坪公寓） 客厅、3个房间（卧室、儿童房、衣帽间）、厨房、浴室、多功能室、阳台	把主卧让给孩子，小房间用作卧室。客厅的墙壁用家人照片做装饰，感觉温暖又和睦。	Blog.naver.com/happykyungah

客厅

客厅里最先映入眼帘的就是幸福的家庭照片。家具统一为白色，用靠垫或者小物品来装点。客厅的一面用书橱和纸箱收纳孩子的书和玩具。

家里办周岁宴的
时候制作的绒球

2

1_白色家具和枝形吊灯带来的舒适感
客厅家具的主色是白色，因此和各种小物品很容易和谐搭配在一起。稍不用心就会显得单调的空间填满了枝形吊灯和可爱的小物品。玄关和对面的墙上装饰着盛满家人幸福模样的照片，每个看到的人都会不由自主地露出微笑。

2_用照片和小物品来装饰的玄关
玄关旁抽屉柜上面的空间用复古小品、小花盆和孩子的照片来装饰。小体积大声音的音箱里流淌出令人愉悦的音乐。

3_利用标签，条理收纳
孩子的玩具积木或者单词卡等容易丢失的东西，放在结实的纸箱里保管。上面贴上用标签机现做的标签就会既好看又实用。

4_用装饰盘装扮的喝茶空间
在收纳柜上面摆放咖啡壶、香草茶、马克杯等，就能盘坐在沙发上享受喝茶时间，带隐约图案的装饰盘子给空间增添别致的感觉。

1 枝形吊灯是在乙支路灯饰商街购买的。
台灯下面的自助柜和沙发是casamia 的产品。
2 粉色电话机是designever(www.designever.co.kr)的产品。
3 白色箱子购自宜家。
4 装饰盘是Royal Doulton的产品。

4

1 红色和藏青色的毛毯是宜家的产品，收纳柜是自己做的。帆布收纳盒是modern house的产品。壁灯是在vivina-lighting(www.vivina-lighting)上购买的。
2 床上的安全防护栏是 RE-GALO的产品。
3壁面漆颜色用的是Dunn Edward的Fresh water。搁板是在sonjabee(www.sonjabee.com)上购买材料后自己制作的，人偶是BlaBla的产品。

儿童房

将原来的主卧让给孩子做孩子们的房间。并排安放的床和对比色的床上用品让房间充满活力。

1_妈妈亲手做的两个孩子的床上用品

并排安放的床仿佛在展示着姐弟情深的样子。颜色和印花简练的床上用品是妈妈亲手制作的，床之间铺的圆形地毯，增添了温馨感。

2_考虑到安全的无框架床

孩子房间的床都没有框架，只放置了双层床垫。因为孩子很活跃，有可能撞到框架上。但在床垫和床垫之间安装了安全防护栏，以保证睡着的时候翻身也不会掉下床去。

3_原木搁板装饰的色彩柔和的墙壁

床头一面钉上了小小的搁板，放各自喜欢的人偶和姐弟俩的名字缩写字母，增添了小小的趣味感。

4_洋溢着温暖的窗户

再没什么颜色比粉色和粉蓝色更能刺激孩子的想象力、更能营造出温馨气氛了。把本来不透明的玻璃换成透明的，然后贴上格子花纹贴纸，于是房间变得更加温馨了。

厨房

素雅花纹的壁纸、收纳漂亮餐具的搁板和吊灯和谐地搭配在一起，散发着十足的女性和田园的味道。

1_水槽一侧的纯主妇空间
微波炉下面塞进一台电脑，取出底柜旁的折叠式餐桌后就可以确保有一个能放腿的空间。餐桌取出后，挂上一个花色素淡的遮帘，看起来就更加漂亮了。

2_有感觉的壁挂搁板
通往多功能室的门上，挂上薄薄的搁板，收纳厨房用秤等轻便的小物品。搁板是自己制作后用胶枪粘上去的，所以很结实，能够承受一些重量。

3_布头和灯光让厨房沐浴在温暖里
水槽上面橱柜的下边，在有微波炉和显示器的空间里用田园风的布头进行了有效遮挡。桌子上面的吊灯更增加了温暖的感觉。

4_田园风的白色搁板
厨房里舍弃了占空间较大的吊柜，而是使用并排的搁板来起到收纳和装饰的效果。似乎有些褪色的花色壁纸和白色搁板和谐搭配在一起，营造出女性而田园的感觉。平日喜欢收集漂亮餐具的主妇的收藏品陈列在搁板上，引起观看的兴趣。

仿佛未经修饰的自然的复古珐琅。

1 电脑下方的花布是在sunquilt(www.sunquilt.com)上购买的。
2 红色厨房秤是Dulton的产品。
3 布头是在nesshome(www.nesshome.com)上购买的。
4 花色壁纸是rangsarang（www.byrang.co.kr）的产品。
双层碗架是forhome(www.forhome.co.kr)上购买的。

卧室

最大的房间并不一定是夫妻俩来使用的，把曾经的儿童房换做主卧。所以，装修的重心集中在有效地利用小空间上。

1   2

能将装饰柜旁边的空间充分利用起来的木质衣架购自Gmarket。

1_以白色基调来装饰的卧室

白色家具、浅蓝色墙壁，适当遮光的窗帘，还有度假村感觉的吊顶搭配在一起，就形成了一个能够消除一整天疲劳的温馨卧室。

2_悬挂罗曼蒂克氛围遮帘的装饰柜

收纳红酒、收到的香水礼物、细碎的装饰品等的装饰柜里面悬挂了自制的遮帘。选择素淡的花色，让它与整个家里的气氛一致。

3

4

5

1 装饰柜、抽屉柜、床都是
Casamia 的产品。
3 全身镜购自emart。
4 画框是forhome的产品。

3_让房间看起来更宽敞的全身镜

房间内放上全身镜的话，空间会看起来更大。罗曼蒂克的3层抽屉柜是Bourbon的产品，是现在已经停产的Casamia Juliet式的设计。

4_用欧洲风相框和白色棉布裙装饰的墙面

照片本身也可能成为出色的装饰物。抽屉柜上的空墙面上挂着欧洲庭院风景照片的画框，旁边挂着仿佛从照片上取下来的白色棉布裙，构成画廊一般的风景。

5_用花盆装饰的迷你庭院

床侧的窗边用S形的钩子挂上吊篮，里面放上花盆来营造一种自然的氛围。如果挂上向下生长的花草就能装扮出一个立式庭院了。

配合卧室氛围，用白色的蕾丝布料做成的台灯罩。

1

杂志画报一般精致的婚房

从针织设计师开始，到购物广场营销员、摄影师、装修专栏撰稿人等从事着各种行业的郭恩真主妇。
她的家保持着一贯的整洁精致，让人无法相信这已经是30年房龄的房子。
家里经常进行购物广场产品的拍摄，所以每天都会有新的变化。

data

家庭构成	房屋结构	特点	主页
夫妻二人	92m² (28坪公寓) 客厅、3个房间（卧室、书房、衣帽间）、厨房、浴室、多功能室、阳台	从卧室到客厅、厨房、浴室，每个空间的主题都很明确。家里处处都能感受到饱含的创意和真诚。	Blog.naver.com/ sony_79

客厅

一面墙用黑色来装饰，但乳白色的家具和小物品让整个房间并没有暗沉的感觉。布置上颇有感觉的小物品和亲手制作的布艺品，精致又现代的装修就完成了。

2

给现代感的客厅增添优雅感的枝形吊灯购自 vivina-lighting（www.vivina-lighting.com）。

1_华丽感和现代感共存的客厅

黑、白、银色适当融合，看上去并不单调或者暗沉。具有线条感的灯具和桌子，与图案大胆的窗帘一起营造出华丽又高级的氛围。简单的靠垫和画框既优雅又个性洋溢。

2_有感觉的布艺品

哪怕仅仅变动小物品的位置或者靠垫的外罩也能打造出全然不同的氛围。地板上铺上高级的垫子，放上毯子，就有了雅致的感觉。

1 长椅型沙发是decoroom(www.decoroom.kr)的产品。
壁纸是LG Hausys Z –in的nature crystal wave。
窗帘是texworld(www.texworld.co.kr)的产品。
桌子是theplace(www.theplace.kr)的产品。
2 靠垫是自己制作的。墙上的镜子是在新寺洞林荫树路购买的。
黑色鳄鱼纹地毯是theplace的产品。

买入同样设计、大小不同的台灯，艺术地布置。

1 水晶吊灯和3灯轨道灯是vivina-lighting的产品。桌子是在decoroom上购买的半成品。
2 橱柜底柜刷的是pororo paint的粉蓝色漆。
3 花瓶画和女人剪影画是自己画的。
4 多肉植物画框是sugarhome(www.sugarhome.com)的产品。

厨房

仿佛来到了欧洲的乡村家庭一般，感觉亲切又温暖。从别致的水槽到桌椅都让人感觉到悉心的体贴，令所有的主妇一见倾心。

1_散发木质暖意的空间
全部用木头材质包裹的厨房。为了防止木质腐坏或者翘边，必须定期涂几遍油蜡。能够感受到木质的暖意，这些辛苦也是值得的。

2_欧洲乡村风格的罗曼蒂克的厨房
亲手将又旧又邋遢的橱柜用淡淡的天蓝色油漆涂刷，墙壁上贴上一块儿一块儿的瓷砖，整体上营造出一种明快氛围。

3_艺术感的画框摆放
把画框摆放在地上能赋予空间一种特别的感觉。与地板协调的大大小小的画框重叠放置，自然地吸引人的视线。

4_影响整体的小物品
木头材质的厨房用品和多肉植物画框更能强调一种自然的氛围。不经意间放置的红酒瓶成为增添复古气质的装饰品。

卧室&浴室

卧室以清爽的蓝色和白色为主色，用闪光的小品点缀。卫生间利用条纹图案和彩色瓷砖装修得干净又清爽。

1_清爽舒适的卧室

与华丽的客厅不同，卧室的装修稍微省了些工夫，无框架的床上摆放的是蓝色调床上用品，看上去更加清爽。其中闪光的窗帘、星星模样的微型灯、镜框等闪亮的东西给房间增添了神秘的感觉。

2_优雅悬垂的蕾丝窗帘

放弃新式的商业房来选择这个房子的理由是因为家里四处铺满的阳光。阳光照进来的时候，蕾丝窗帘的花纹投下影子，给卧室增添罗曼蒂克的氛围。

3_用有感觉的图案让浴室焕然一新

为了节省空间，大胆地去掉原有的浴缸，安装了淋浴房。条纹图案的收纳柜和瓷砖增加了清爽感。

4_别有一番味道的物件

放一把仿佛与周围环境很不协调的欧式椅子，浴室就呈现出了独特的感觉。放一些香味不错的浴室用品也正合适。

营造温暖而芳香卧室的蜡烛购自 Casamia。

1 壁面上的镜饰和台灯是theplace的产品。闪光的窗帘和花瓶下面的垫子是自己做的。
2 蕾丝窗帘是texworld的产品。
4 金色折叠椅是在论岘洞家具街购入的。

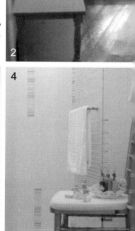

1

崇尚自然的日本绿色公寓

住宅之间一定会有一两个公园，一年四季可以接近自然是日本生活的最大快乐。
这是许文诚主妇的话。
她说她想要给四岁的智宇一个绿色的家。
家里到处摆放着有趣的日式小品，构成可爱的风景。

data

家庭构成	房屋结构	特点	主页
夫妻二人 女儿（4岁）	70m²(26坪公寓） 客厅、3个房间（卧室、儿童房、 书房）、厨房、浴室	展示着可爱日本风复古装修精髓的房 子。尽可能地利用天然材质装修，使 人在室内就能感受到大自然。	Blog.naver.com/ giro78

客厅

摆放各种植物、用香薰灯来代替空气净化器等，每个要素里都布置了自然亲和的物品。房间整体用米黄和棕色装饰，安静而平和。

顺应"拥抱自然的家"的主题，家里各处摆放的植物十分显眼。蕾丝吊篮购自北户田AEON Mall 的 My plus heart。

1_舒适宽裕的空间

仅布置上个头不大的沙发、电视柜和木搁板，空间看上去就很宽裕。角角落落摆放的大大小小的花盆让家里充满了勃勃生机。

2_日本杂志中的复古设计

喜欢复古风的她定期阅读装修杂志，喜欢去寻找那些自然主题的装修店聚集的社区，所有努力的结果就是，整个家就像日本装修杂志的画面一样。

3_画廊一般的用餐空间

餐桌旁的墙壁上挂上大大小小的画框，给人来到画廊一般的感觉。简单又漂亮的餐桌和椅子、画框的自然色更增添一份温暖感。

4_从自然中获得的创意

从大自然中获取装修的创意。她灵活地利用掉在路边的树枝，刷上白色油漆，挂上亚麻蕾丝、花盆和迷你鸟笼等天然素材的物件，再利用的创意十分出色。

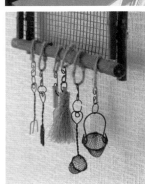

1 壁钟是从二手市场买的。电视柜是自制的。沙发上的靠垫购自北户田AEON Mall的My plus heart。
2 复古风扇购自北户田AEON Mall。
3 珐琅灯是北户田Biscotti 的产品。
4 迷你篮购自北户田Amuzu。牛奶花盆插牌是tiara(www.tiara-inc.co.jp)的产品。

在毛毡的外面缠上蕾丝做成的彩色圣诞树是自己亲手制作的。

儿童房

房间里填满了手工玩具和正适合孩子视线高度的家具，让观赏的人也瞬间感觉到幸福。其中一面用隔断隔出妈妈的空间。

1_尽可能刺激童心的快乐空间

这是一个像玩具卖场一样的儿童房，到处都是令人起贪心的物品，大部分都是爸爸或者妈妈亲手制作的，所以更加宝贵。适合孩子视线高度的家具保持原有的颜色，即使久用也不会厌倦，而且与其他的物品也十分协调。

2_倾注了爱心的爸爸·妈妈牌玩具

考虑到孩子的健康和环境，尽可能避免塑料材质，而是利用天然材料来制作玩具。玩这些与实物几乎一致的玩具的时候，孩子的创造力和想象力迅速增长。

3_用隔断隔出来的妈妈的空间

卧室是日本传统式的榻榻米房，没有放梳妆台的地方。所以最后想出来的创意是把儿童房的边角空间用隔断隔开来进行利用。隔断是在卖园艺用品的地方买的，回来后再自己加上木板做成的腿儿。一个有安全感的属于妈妈自己的空间就这样形成了。

1 书桌和椅子套装购自宜家。
墙面贴纸购自北户田AEON Mall。收藏玩具的冰箱和衣柜是自己制作的。

厨房&卧室

厨房是一般家庭中不常见的柜台型结构，做饭的同时也能看见家人。柜台下面有收纳空间，这一点也很有吸引力。装修成榻榻米房的卧室抛弃了复杂的装修，充分运用空间本来的特点。

将日本传统纸张剪切成花的模样，灯打开以后就会出现花的影子。这是宜家的产品。

1 棉质对称窗帘是off&on的产品。
2 藤编落地灯是宜家的产品。

1_客厅和厨房相通的窗口

柜台上垂挂亚麻布帘，有效地进行遮挡。做菜的时候收起布帘，既能看电视，也能查看孩子的状态。柜台上放置有趣的小物件和小植物，赋予节奏感。

2_能感受到茶香的日式卧室

卧室是像日本传统旅馆的客房一样朴素的榻榻米房，尽可能地不用家具，留下余白。纯粹的白色和东洋小品使房间的整洁感十分突出。

1

突出灯光运用的现代空间

不久前刚成为父母的曹恩洙夫妇将第一个爱巢装修成高级又个性洋溢的空间。因为公寓是从未修理过的12年的房子，所以只稍微做了基本的装修工程。考虑到会搬家，没有在壁纸或者地板上投资太多的钱，而是进行了集中在灯光和家具等方面的战略性装修。

data

家庭构成	房屋结构	特点	主页
夫妻二人 儿子（1岁）	96m²(28坪公寓) 客厅、3个房间（卧室、书房、衣帽间）、厨房、浴室、多功能室、阳台	把基本要素最小化，投资在家具、家电、灯具等可移动的产品上。夫妇俩亲自挑选的精致家具给空间增加了活力。	Blog.naver.com/ giro78

2

客厅

悉心挑选的家具让家里处处都体现着干净利落的美。家里的基本工程委托给了PLUS interior design (031-205-5535)，尽可能营造出明亮整洁的氛围。

1_不辞奔波挑选来的现代家具

为了梦想已久的家，平日在网络，周末在实体商场不辞辛苦地奔波挑选。于是完成了这个既现代又有着婚房奢华感的空间。

2_用木质搁板简单装饰的墙壁

按照壁挂式电视的高度，做上结实的木质搁板，放上电器，直达天花板的海芋盆栽增添了清新感。

3_桌子里的秘密收纳空间

移开设计独特的茶几的面板，下面就是深深的收纳空间。正好将容易各处散落的各种遥控器保管在一处。

4_异国风情的布艺设计

将白色沙发和彩色布艺小品搭配，装修就会既现代又充满异国风情。白色落地灯既平和又展示着一种感觉美。

5_完美解决收纳问题的玄关

鞋柜尽可能地收纳更多的东西，玄关上贴上了磁铁雨伞插。门上面和下面的间接灯光让入口就给人整洁的印象。

3

1 蛋形椅是indetail(www.indetail.co.kr)的产品。
天花板灯是在乙支路上的灯饰商街购买的。
沙发是在Misarigagu上购买的。
桌子是frunigram(www.furnigram.com)的产品。
2 窗帘是在makerroom(www.makeroom.co.kr)上购买的。
4 落地灯是casamia的产品。

没有秒针的彩色挂钟是indetail上买来的。

4

5

卧室

按照夫妻俩平日喜欢的日本品牌无印良品的风格装修成整齐又实用的卧室。整个房间里桦木家具的木纹和明亮的颜色赋予人在林荫小路散步一般的舒适感。

1 中性色壁纸是Daedong壁纸的产品。
床购自furnigram。
床上用品是无印良品（www.mujikorea.net)的产品。
3 抽屉柜和梳妆台、镜子都是furnigram的产品。
凳子购自宜家。

高丽纸材质的灯是设计师野口勇的作品，在Vitra有售。

1_增添舒适感的中性色

整体使用淡色系装饰成强调从容和舒适的卧室。可调节采光又通风良好的百叶窗既实用又展示着隐约的美。树木、石头、泥土等天然材质的中性色彩赋予空间温馨的感觉。

2_兼做靠墙桌的抽屉柜

正适合床旁狭窄空间的抽屉柜兼做收纳家具和靠墙桌的角色。抽屉柜上面小小的多肉植物和画框增加小小的趣味。

3_漂亮又实用的卧室家具

花纹漂亮又没有结疤的白桦木是顺应目前生态装修趋势的人气家具材料。将白桦木打薄后再整齐地叠在一起就会让断面看上去像年轮一样，房主选择的正是这样的卧室家具。

厨房

把重点放在大型吊灯和轨道灯等灯具上，用彩色的椅子和清爽色的厨房物品进行点缀。

2 1

1_利用灯光打造厨房的现代感

在餐桌一侧安装了曲线优美的大型吊灯，料理空间一侧安装的是轨道灯。厨房墙壁使用的是木质感觉的材质而不是常见的瓷砖，使家里的整个氛围统一起来。

2_有感觉的厨房用品

厨房的主色是薄荷色，保持温暖气氛的同时，还能给人愉悦感。彩色的厨房用品让空间变得华丽起来。

3_清爽的餐桌套装

与以现代感和多彩为主题的厨房搭配的餐桌套装。除了布置上新婚时候必需的配套之外，如果再准备上几个能成为亮点的盘子，超有感觉的餐桌套装就完成了。

1 灯饰是从乙支路灯饰商街购买的。椅子是the place(www.thepl-ace.kr)的产品。
2 薄荷色和白色铁锅是lecreuset 的产品。
3 彩色食器和餐桌垫是在hanssem购买的。

3

1

异国风情小品塑造出的装修

金艺兰主妇把装修的重点放在把家装得既不局促又温馨上面。根据季节的变换在每个房间地面铺上不同的地毯或者毛毯。比起大家具来，在小物品和布艺上更花心思，每个季节塑造出不同的新形象。

data

家庭构成	房屋结构	特点	主页
夫妻二人 儿子(12岁)	66m²(20坪公寓) 客厅、2个房间（卧室、儿童房）、 厨房、浴室、多功能室、阳台	有力地展示了家这个地方是强调休息的空间。用色调淡雅、散发着朴素美的小物品诠释着舒适的氛围。	Blog.naver.com/ chukaru7265

客厅

这是个能让人感觉到温暖的地方，符合它的主题——想永远停留的地方。恬静的布艺装饰和家具搭配，在墙的中间围上装饰线条，增加可爱的感觉。

给客厅增添雅静之气的原木桌是kayu（www.kayumall.com）的产品。

1_利用率高的白色布艺沙发

将针织品和靠垫自由搭配就能打造出不同风格的白色沙发。每次换沙发罩都会带给房间全新的感觉，与薄荷色和白色的墙壁搭配也绝对和谐。

2_白色和天蓝色的调和

客厅墙壁中间围上装饰线条，用干净的白色和淡淡的天蓝色来装饰，使得空间不再单调乏味，而且看起来更加宽敞。

3_使生活变愉快的可爱小品

家里摆满了令人垂涎的小物品，据说她主要逛实体卖场、网上二手市场或者购物Mall等，只要有中意的东西就一定不会错过。比起大的家具，在小物品和布艺上面花些心思会让生活变得更加愉快。

1 墙上的薄荷色用的是新韩壁纸的淡蓝色。
沙发是宜家的产品，最左侧的花靠垫是在Daiso购买的。
蓝色格子靠垫是改造出来的，窗帘是Madeleine的产品。
3 威尼斯镜子是在ppyam(www.ppyam.com)上购买的。

卧室&儿童房

以欧洲复古风为主题装修的卧室，做旧的暖色布艺和白色家具的混搭很抢眼。儿童房是将阳台扩建后再安装上壁橱后做成的，也可用作书房。

1_白色家具和多彩的针织品的调和

放上床空间就已经很满了，但与墙壁颜色相似的奶油色衣柜反而使空间看起来更大了。里面叠放上花色素淡的针织品就有了自然的舒适感。

2_用作梳妆台的原色抽屉柜

狭窄的空间就需要一种家具多重使用。抽屉柜上面放上Venetian镜子，搭配上古典的小品，就变身为了梳妆台。

3_像妈妈怀抱一样温暖的儿童房

淡淡的浅蓝色墙壁与原木床和布艺品协调搭配在一起，温馨雅静。车型的垫子和带轮的收纳盒等有趣的小品激发孩子的想象力。

4_实用的阳台利用

扩建利用率低的阳台，让它成为实用的空间。多安装一个壁橱来充分收纳，把书桌放在窗户一侧，可以提高孩子的专注力。

1 衣物柜是michellvon 的产品。床上用品是在modernhouse上购买的。
2 Venetian三面镜是在suandsu(www. suandsu.cokr)上买的二手货。
3 壁纸是3S壁纸的纯水蓝色。床是Sc-andia tomy 的模型。
汽车垫子是在Daiso上购买的。

厨房

温暖的黄色调收纳柜和感性的小品让厨房有了自然的舒适感。看似无意但实际上用心摆放的小物品给空间增添了浪漫感。

1_法式黄色收纳柜
收纳柜是客厅和厨房的分界，用黄色调来粉刷，有效遮挡沉闷的冰箱的同时，将厨房打造成法式风格。餐桌上的花给空间增添一份娴雅。

2_用玻璃小品演绎出的自然主题
玻璃小品，实用的同时，还给漂亮的装修增添亮点。虽然都是单独购置的，颜色和外形都不同，但放在一起就能协调搭配，演绎自然的氛围。

3_感性的厨房用品摆设
餐桌旁的墙壁上钉上木质壁挂挂钩，用各种各样的小物品来进行装饰。仿佛无意挂上的白铁厨房用品和针织品充分展示出自然美。

4_一朵花的芬芳
植物虽然不多，但放置在恰当的地方就能将装饰效果最大化。在厨房的橱柜上放一盆香草或者盛开的花来增加香气。

波兰风的水壶将厨房的氛围异国化，是在homeplus购买的。

1 黄色收纳柜和餐桌在Auction上购买的。
椅子购自商用家具购物中心。
2 普罗旺斯风彩色玻璃是自己制作的。

1

用黑白色装饰成的时尚空间

在主妇文恩静的家能找到年轻的感觉。客厅用黑白色调，厨房用金属光泽的质感，
卧室用华丽的图案，小房间用红色，各个空间主题分明。
每个空间都充满个性，并且过渡自然。

data

家庭构成	房屋结构	特点	主页
夫妻二人	70m²(21 坪公寓） 客厅、2 个房间（卧室、小房间）、 厨房、浴室、多功能室、阳台	突显黑与白的现代感和红色的华丽。 每个空间主题分明又整体统一。	Blog.naver.com/ mek1004

客厅

客厅里绘有都市风景的墙纸很抢眼。天花板上贴了蛭石墙纸，灯光一照就会梦幻般地闪烁。主灯之外，还安放了落地灯，令夜晚的氛围更加华丽。

自制的流行艺术风格的画框，把照片用Photoshop反转后，移到画布上画完的。

2 沙发和靠垫是在西仁川家具园区的NOHSONG家具购买的。
壁纸是壁纸天地（www.벽지천지.kr)的产品。
3落地灯购自modernhouse。

1_极简和华丽的调和

沙发和茶几选择的是与整个客厅氛围相搭配的黑白色。天花板上的蛭石壁纸被光照射就会闪闪发光。

2_吸引视线的亮点——壁纸

客厅里最吸引人的就是洋溢着图画气质的精致的壁纸。几何图案的黑白色靠垫为客厅增添了时尚元素。

3_以局部照明来突出温馨感

主灯之外沙发旁边另外安放了黑色落地灯。以其现代感的设计营造出一种与白天的感觉全然不同的温馨。

最抢眼的就是精致的家庭吧台和整个墙壁的黑镜瓷砖。橱柜的上框换成透明的展示柜，消除沉闷感，底柜贴上黑色薄板以达到统一。

成为全黑色厨房点缀的彩色餐具是modern-house的产品。

1 吧凳是在倍美丛（www.home1.kr）上购买的。
轨道灯是lampland(www.lampland.co.kr)的产品。
2 玻璃调料瓶是宜家的产品。

1_用黑镜瓷砖装饰的品位厨房
厨房也是将黑色作为主色调。特别是打开灯后，灯光被黑镜瓷砖反射，厨房里到处都闪闪发光。黑色大理石做成的家庭吧台高度是按照橱柜的高度做的，使它看上去不那么沉闷。在仅仅有着长条形桌子和吧凳就会稍嫌单调的空间里，设计独特的轨道灯扮演了重要的角色。轨道灯装有单独的调光器，不必担心电费。

2_作为装饰品的调料瓶
在金属挂架上放上设计相同的调料瓶，做饭方便，装饰效果也很突出。

3_与厨房氛围协调的油烟机
抽油烟机是厨房装修中最让人苦恼的部分。没有用橱柜将不美观的油烟机隐藏起来，而是选择了与瓷砖搭配的简单的银色油烟机，让它也成为装饰元素。

卧室&小房间

卧室里异国风情的斑马纹床上用品一下子就吸引住人的视线。床头和柱子很高的床古意盎然。小房间是红色和白色混搭，装饰得生动感十足。

1 床和边桌是Mirage家具的产品。
斑马纹床上用品是dbulnara（www.ebulnara.com)的产品。
斑马纹地垫是modernhouse的产品。
2 台灯购自vivinalighting(www.vivinalighting.com)。
3 吊灯是ti-lab(www.ti-lab.com)的产品。桌子购自Plusis。
红色椅子是lasso(www.lasso.co.kr)的产品。

1_斑马纹床上用品吸引眼球

床上用品选择的是黑白色搭配的代表——斑马纹，与高高的床头十分协调，给人留下强烈的印象。床旁边的地垫也是选择的斑马纹，与床上用品统一起来。

2_增加柔和感的局部照明

如果说卧室里必须要有一件东西的话，那就应该是局部照明了。哪怕只是放在边桌上的一盏台灯也能将局部空间营造得更加优雅、安静。

3_简练而热烈的红色的魅力

小房间的家具和主要的装饰都以红色为主，与白色混搭后就有了毫无负担的清新感觉。

1

温婉原木色大行其道的自然之家

多才多艺的韩美多夫妇顺利地完成了粉刷、改造，还有其他的简单工程。在孩子出生后余暇时间大大减少的情况下，仍旧热衷于家装。他们追求既绿色又整洁的属于自己的风格，在这个被绿色植物环绕的家里，处处都能看到他们的努力。

data

家庭构成	房屋结构	特点	主页
夫妻二人 女儿（4岁）	86m²(26 坪公寓） 客厅、3 个房间（卧室、儿童房、工作室）、厨房、浴室、多功能室、阳台	能够窥见利用自然概念想追求自己独有风格的苦恼。可爱的儿童房的装修也值得留心去看。	Blog.naver.com/ 00miffy

客厅

想要抓起一个柔软的靠垫尽情打滚的暖融融的客厅。其实这还是4岁的多仁和妈妈最经常待的地方。考虑到好奇心强、四处摸索的孩子，将装修的焦点放在整洁上。

1_塑造自然氛围的空间

所有的装饰材料和小物品都尽可能地选择绿色的。稍微遮挡空调的亚麻围裙、罩着罩布的沙发、木质天花板、保留着木纹的画框、藤编的收纳盒等环保材料的小物品，应有尽有。

2_与客厅浑然一体的孩子物品收纳

空间有限，有时就会不得不把孩子的东西带出儿童房，这时如果能将收纳做到与周围环境相协调，就会获得优秀的装饰效果。原木材质的书桌和书柜与客厅的自然氛围和谐一致。

3_整洁的白色搁板

贴了壁砖的墙壁上挂上白色的搁板用来放置常看的书和花盆等。通往没有扩建的卧室一侧阳台的门，是购买了百叶门后再粉刷而成的。

4_采光良好的阳台庭院

为了有效利用阳台上的小空间，做一个高的台面，将花草聚集在一处。比起放在地板上采光更好，即使不用特别打理，花草也能生长得很好。

2 儿童椅是在G-market购买的。
3 阳台画廊门是在铁天地（www.77g.com）上购买的。搁板是自己制作的。

厨房

与客厅的素净色调不同，厨房里多种颜色和谐搭配。从吧台到餐桌到长椅都是夫妻俩亲手制作的。

1 橱柜底柜颜色是在三和涂料AISAENGGAK系列的奶白色里加入丙烯颜料调成的。

1_唤起食欲的清新色搭配

厨房突出的是即便在没有胃口的夏季也能让食欲旺盛的清爽的维他命色。薄荷色的橱柜底柜、黄色的收纳柜、蓝灰色的木质长椅让厨房里生机盎然。

2_演绎异国风情的橱柜

在橱柜上刷上自己调成的薄荷色，更换掉把手，于是就有了欧洲某个乡村的厨房一般的怀旧感。橱柜上面贴上白色瓷砖，即使用很久也能令人满意地保持光泽。

3_弥漫着咖啡香气的料理台

考虑了很久才置办的咖啡机让厨房里总是弥漫着咖啡香气。吊柜旁的小菜冰箱外面贴上了可爱的孩子和家人们的照片。

4_朴素又田园的餐桌

购买半成品后，经历了很多次的打磨和上漆才出来最后的颜色，用陶瓷把手装饰的原木桌子能感受到细腻的关爱。为了将它打造成更加舒适的家具，甚至还装上了原来的结构中没有的脚踏架。

5_利用细高书柜的收纳

在适合狭小空间的细高书架上放上常看的书和杂志，以方便坐在吧台旁阅读。收纳餐具的柜子是娘家妈妈用过的20年的书柜，带玻璃门，所以不必担心灰尘。

洗涤剂用另外的容器来盛比直接使用原包装看上去更加整洁。

4 桌子是在THEDIY（www.thediy.co.kr）上购买的半成品。
长椅也是在sonjabee(www.sonjabee.com)上购买的半成品。
原木椅子是casabonita(www.casabonita.kr)的产品。
玻璃吊灯是在cabinlamp(www.cabinlamp.co.kr)上购买的。
5 幼儿用餐椅是宜家的产品。

1

2

卧室

树木环绕的自然空间。丈夫用原有的框架连接制成的杉木床和白色家具和谐统一，演绎出罗曼蒂克的自然风格。

营造温馨气氛的粉色罩台灯是在Emart"自然主义"购买的。

1 靠背椅是diemsofa（www.diemsofa.co.kr）的产品。
4 作为床头柜使用的藤编收纳盒是在Emart购买的。

3

1_环保收藏品的大集合

床尾堆放了新婚时买的落地柜、经过改造的二手椅子、套着白色罩子的靠背椅等虽非整套但感觉相似的家具。

2_罗曼蒂克的镜子衣柜

令来房主博客的很多人垂涎的镜子衣柜。带着细腻的装饰线条，是一个让卧室变得富有浪漫气息的单品。

3_洋溢着度假气息的薄窗帘

到了清晨，阳光从窗帘缝隙照进来，让人心情愉快地开始一天。随风轻摆的罗曼蒂克窗帘给房间增添了度假气息。

4_自制杉木床

妻子设计、丈夫施工的杉木床。橡木色多次着色后才得到深厚又优雅的颜色。

4

木框架的极简
钟表是Emart "自然
主义" 的产品。

1 半成品的书桌是在mydreamhouse(www.
mydreamhouse.co.kr)上购买的。
3 衣柜是hanssem的产品。

小房间

兼做工作室和衣帽间的空间一面墙壁用壁柜填满,另
外一面墙利用小桌子和地毯打造出一个舒适的工作
室。房间的特点是喜欢原木色的丈夫将这里装修成了
如同身在森林里一般的自然生态主题。

1_用地垫来演绎的舒适工作室

为了让丈夫能拥有一个独立的空间,清理掉原来放在
衣帽间一侧的橱柜,装修成一个舒适的工作室。

2_突出整洁感的复古书桌

一般的家具丈夫都能在半天内做完,这个古典的颜色
成为亮点的书桌是丈夫在半成品上上色后做成的。

3_简单的白色壁柜

将衣柜设计成壁柜,就显得不那么沉闷,简单的白色
让小空间看上去更加宽敞了。

儿童房

比其他房间的彩色物品多的儿童房仍旧保持着自然的氛围，但为了让房间看起来不凌乱，也曾一度苦恼。设计独特的各种颜色的儿童玩具实实在在地担当了装饰品的角色。

对孩子的情绪和智力发展有帮助的风铃。

1

1_色彩鲜艳的玩具和谐搭配的空间
为了让五颜六色的孩子用品与家整体的主题搭配，煞费苦心。将白色的百叶窗刷成薄荷色，增添清爽感，与可爱的窗帘和吊灯搭配。

2_亲手制作的整洁的收纳柜
窗边的收纳柜是夫妻两人亲手制作的。裁开杉木，用淡橡木色油漆粉刷面板和把手，高度正适合孩子的身高，也方便孩子自己整理东西。

3_可以当作装饰品的红色木马
简洁的设计和鲜艳的颜色令它摆放在家里哪个位置都能成为一个装饰小品。虽然是组合式的，但结实得连大人坐上去都很牢固。

1 百叶窗是在THE DIY上购买半成品后粉刷而成的。
3 红色木马和淡绿色凳子是宜家的产品。

2

3

1

用浅色调装饰小品装饰的婚房

这个荡漾着周末午后的慵懒的房子是位于洗剑亭的吴英恩主妇的第二个婚房。家前面弘济川潺潺的流水声和鸭叫声是让人们忘记都市繁忙的疲劳缓解剂。家里各处使用的浅淡颜色让心情也变得舒畅起来。

data

家庭构成	房屋结构	特点	主页
夫妻两人	80m²(24 坪单元房） 客厅、2 个房间（卧室、衣帽间）、 厨房、浴室、多功能室、阳台	最突出的是墙壁、屏门、家具的浅色调的协调。房主保持统一的同时发挥各个空间特点的创意可见一斑。	Blog.naver.com/ kira022

客厅

明亮的颜色和简约的家具让周围人的评价都是房间看起来比实际面积要大。不把各种东西都放在外面，而是以各种可爱的小品为主进行收纳，强调平和之感。

小巧的木马便签夹是在kyobobook购买的。

1_暖洋洋的空间

各种各样的靠垫、超细纤维地垫、自然的亚麻窗帘散发着温馨的感觉。沙发平日按照L形来摆放，来客人的话，就把可移动的家具变成面对面的格局，提高空间的活用度。

2_方便看书和摆放小品的书架

从客厅通往厨房的一面墙壁放上简单的白色书柜。只放密密实实的书的话，书架就会看上去很沉闷，所以间隔空出一些格子来摆放小物件和花盆等，增加装饰效果。

3_天蓝色的墙壁和搁板的约会

自己粉刷的天蓝色墙壁令房间光彩照人。墙壁上悬挂搁板，放置结婚照片和各种颜色的蜡烛，隐隐地展示出婚房的氛围。

4_赋予立体感的白色墙壁

没有将客厅全部粉刷成天蓝色，而是将卫生间一侧壁面粉刷成白色，立体感更加突出。在稍有偏差就会显得单调的墙壁上挂上软木留言板，贴上照片，装饰得美丽又可爱。

3

1 沙发是francfranc(www.francfranc.kr)的产品。
桌子为宜家LACK系列。
猫型靠垫是kittybunnypony(www.kittybunnypony.com)的产品。
壁面的天蓝色漆是用本杰明摩尔涂料的产品调色而成的。

4

1

增加活泼感的
猫型存钱罐是
TAPAS的产品。

2 收纳柜是在洪大前的The house定制的。
橙色锅是Le Creuset的产品。
茄子形状的厨房秤是在现代百货店购买的。

2

卧室&厨房

为了让卧室的氛围不那么生硬，用轻飘飘的亚麻窗帘
和各种画框来装饰。厨房里放上暖色调的收纳柜，更
添一份浪漫。

1_采光良好的卧室兼书房
通过两个窗户照进来的阳光明亮又温暖。有夫妻俩照
片的相框挂满各处，气氛甜蜜。

2_带有感性的厨房收纳柜
用黄色粉刷的收纳柜是厨房的吉祥物，为了选择这样
一个温暖又不幼稚的颜色在涂料店里苦心研究了很
久，希望的效果出现了，十分满足。收纳柜上摆放
的是夫妻两人共同喜欢的鸡尾酒用品和彩色的厨房
小品。

初入门者也很容易上手的self-painting

准备材料

涂料/涂料一般分为壁纸用、家具用、天花板用等，不同产品的粉刷面积不同。因此最好先测量准备粉刷的面积，购买足够量的涂料。

石膏/刷涂料前抹上石膏，涂料的附着力更好，更易粉刷，颜色也更鲜亮。石膏也有木材用、铝制品用等很多种类。

毛刷/选择涂刷漆面均匀不掉毛的产品，用后洗涤干净，放在阴凉处阴干后可以再次使用。

滚筒/大面积涂料滚涂的工具。尺寸多样，根据使用目的和面积的不同来选择。

砂纸/给家具或者装饰品粉刷的时候充分打磨，表面会变得更光滑，涂料的色泽也会更好。一般使用400目的砂纸。

刷墙

刷门

1 用隔离胶带缠上门把手，地板上也铺上塑料布或者隔离胶带。
2 涂石膏后干燥6~7小时。干燥后，在门上稍微喷水，用砂纸轻轻打磨。
3 有弯曲的地方或者小的地方用毛刷刷，宽阔的地方用滚筒来刷。新手也可以从不显眼的背面开始尝试。粉刷一遍等油漆干透后，用400~600目的砂纸打磨，可以令门面更加光滑。
4 干燥3~4小时后，等油漆干透再刷一遍。

1 如果涂刷水性油漆，不揭去之前的壁纸也可以直接粉刷。在不刷涂料的部分仔细贴好遮护胶带。把家具和其他物品挪至室外或者盖上塑料布防止沾上涂料。

2 在托盘上铺上塑料布，倒出石膏后，将墙壁粉刷一遍。如果是瓷砖墙或者丝绸墙纸，粉刷一遍后等完全干透再粉刷一次。

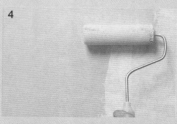

3 涂完石膏后，等一个小时左右，开始粉刷涂料。打开油漆桶，用木筷子充分搅拌后，在托盘上铺上新的塑料布，倒出油漆。

4 粉刷从边角和拐角处开始，用毛刷顺着刷毛往同一方向粉刷。宽面用滚筒来刷，在墙壁上刷出M或者W字形后，向旁边刷开。尽可能让滚筒不离开墙面，一次刷完。

给每个空间添加别致的趣味

30 坪

30坪的房子大多区域划分明确，可以装修成每个空间不同的风格。最好考虑好每个空间的使用者再来决定装修的主题。

1

仿若休闲咖啡厅的公寓

现代感的咖啡厅风格装修是近年来主妇们最钟爱的装修主题之一。追求独特感性的Dallstyle的室长朴志贤的家就装修得像复合文化空间一样。他把家人聚集的客厅演绎得像书吧一般，装修特别引人注目。

data

家庭构成	房屋结构	特点	主页
夫妻二人 儿子（9岁）	106m²(32坪公寓) 客厅、3个房间（卧室、儿童房、书房）、 厨房、浴室2个、多功能室、阳台	根据使用目的和使用者来装修的定制型家。各个空间都忠于各自功能的同时装修得很有感觉。	www.dallstyle. com

客厅

空间里处处体现着装修设计师的闪光创意。容易给装修造成妨碍的大型电视与艺术墙和音响系统搭配，装饰出现代的黑白风格。扩建了的阳台空间扮演着客厅内咖啡厅的角色。

2

1_仿若休闲吧的开阔客厅

让漂亮的原木沙发面对面摆放，放上华丽釉面砖装饰的茶几，打造出休闲氛围。
CASABRAVA 的原木沙发可以自由地摆放，空间的活用度高。扩建阳台获得的空间放上简单的桌子，悬挂吊灯，营造出幽雅的氛围。

2_与家电浑然一体的艺术墙

有壁挂式电视的墙壁上用珠光感的白色进口瓷砖做成艺术墙，添加照明。干净的白色增加立体感，与现代感十足的黑色电器和谐统一。

3_让心灵舒适的自然材质饰品

一度只被当作特别装饰品看待的蜡烛，最近引起了很大的关注。装饰餐桌的木质烛台不但能除去食物味道，而且也适合当作餐桌上的中心饰品。

4_给空间增加生机的玻璃墙面

玻璃材质透光，给人神秘而且清爽的感觉。卧室和儿童房之间的墙壁一部分砌上了玻璃砖，随机加入蓝色，使空间看上去更加富有生机。

釉面瓷砖装饰的高级茶几是在dallstyle定制的。

1 藤椅是宜家的产品，灯饰是从乙支路DAUM照明（02-2273-3331）购买的。靠垫是kittybunnypony(www.kittybunnypony.com)的产品和在东大门制作的。原木餐桌是在dallstyle上定制的。椅子是Bellemaison的产品。
3 蜡烛是cohen(www.the cohen.co.kr)的产品。

3   4

客厅和玄关

以黑色为主色调的温暖角落和玄关，既现代又高档。特别是在玄关处放了天然材质的石花钵和多肉植物来增加天然的感觉。

5

5 黑镜瓷砖是从乙支路韩国瓷砖购买的。
石花钵是在黄鹤洞（首尔的跳蚤市场）购买的。

6

城墙模样的有趣
金属框时钟是10×10
的产品。

5_古意盎然的铁艺装饰玄关

树木或者石头类天然材质的装饰意外地很适合现代感的空间。在充满铁艺美的玄关放上朴素又有着粗糙质感的石花钵，再放置上与之搭配的多肉植物，就仿佛把大自然带进了室内，情趣盎然。

6_黑白色调的温暖角落

装着家人黑白照片的正方形相框和黑镜瓷砖装饰的角落，即使没有特别的装饰也足够上档次。空间小的话，比起放家具来，用小物件和基本材料来赋予立体感，也是不错的创意。

厨房

吧台风格的料理空间和绿色的用餐空间和谐统一。U形橱柜一侧放置着一点点收集起来的咖啡用品，营造类似咖啡厅的氛围。

1_自然与现代感混搭的空间

现代的厨房里放上自然色的原木餐桌和椅子，混搭的感觉很抢眼。定制的原木餐桌既实用又美观。色彩搭配得颇有感觉的长椅，把盖子打开就会有一个收纳空间，十分实用。

2_设计现代的装饰灯

抛弃常用的枝形吊灯，选择现代感十足、线条立体的灯饰来强调空间。以久用不腻的设计来获得实实在在的装饰效果。

3_移动至厨房的书房

为了在家中各处都能够读到书，将空间多功能利用是最近的一大趋势。为此，书架也在原来的功能上添加装修的要素来设计和安放。还设计了在有效遮挡厨房墙壁正中间配电箱的同时，能起到装饰效果的艺术墙，颜色选择了和木质书架相似的颜色来进行统一。

花纹和颜色都漂亮的滴漏咖啡壶。

1 原木餐桌是在dallstyle定制的。
金属框挂钟是10x10 (www.10x10.co.kr)的产品。
白色埃菲尔餐椅和黑色吧凳是Bellemaison的产品。
2 立体设计的吊灯是在乙支路DAUM照明购买的。
3 书架是在dallstyle定制的。

卧室

左右卧室气氛的布艺品选择的是白色底子上有简单图案的设计，简洁美观。靠垫和成套的剪花窗帘以艺术作品一般的感觉演绎出高级而又休闲的度假氛围的卧室。

1 黑色的床和收纳柜、床上用品都是在dallstyle定做的。
2 壁灯是在乙支路DAUM照明购买的。

买入洋葱瓣状剪花的布料做成的装饰靠垫，布料购自东大门综合市场。

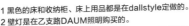

1_白色家具和剪花窗帘装扮出的卧室

既古典又优雅的卧室，以白色为主色，剪花窗帘起伏的曲线、穿衣镜的装饰、床上用品的图案等柔软的线条加以点缀。地板选择明亮的颜色，使空间看起来更大。

2_增添淡淡光线的辅助照明

在主照明不能到达的地方并排安装的壁灯映照出甜蜜温馨的效果。床头一面墙壁贴上单色壁纸，收纳柜也选用白色，强调一种安静的氛围。

3_充分利用空间的收纳家具

不使用大型衣柜而是打造低矮的收纳柜，让空间看起来更大。收纳柜选用白色，用黑色的金属把手进行简单点缀。

儿童房

多做一个隔断或者放置一个双层床充分利用上下两层空间等都是实用的创意。这个年龄段的孩子玩具和书很多，但是利用各种空间能够收纳得彻彻底底。

色彩别致的木马是在"木马故事"购买的。

内置灯光的地球仪灯是Stellanova的产品。

1 灯饰是在乙支路DAUM照明购买的。
上下床是nankids(www.vankids.co.kr)的产品。
书桌是在dallstyle定制的。椅子是Bellemaison的产品。
2 海军蓝的床上用品购自annsnamu(www.annsnamu.co.kr)。

1_有表情的主照明

在天花板上加上房间主色——浅蓝色的木板，然后在上面设置灯光。有云彩花纹的吊灯让房间看上去更加宽敞明亮。简单的书桌上放置现代感的台灯，零碎的小物品收纳在收纳柜里，而不出现在视线里，给人整洁感。书架是自制的，类似设计的产品可以在宜家买到。

2_立起隔断来制造的另一个空间

窗前面立一个隔断，让空间可以更加立体地使用。后面设置收纳空间，在隔断上开一个小小的窗，摆放彩色的小装饰品，于是就有了画廊一般的氛围。

书房

安静简洁的氛围能提高人的注意力。使用最像底色的灰蓝色和温暖的黄色来营造戏剧性的氛围。沿着墙壁做搁板，彻底收纳琐碎的杂物。

把作为生日礼物送给儿子秦河的飞镖靶挂在书房，竟然起到了点缀装饰的作用。

1_用深色增加重量感的书房
体现主妇爱好的乐器和稳重的灰蓝色的墙壁协调搭配，演绎出简洁的氛围。有质感的墙壁上贴上黑白照片，墙壁就立刻成了照片的背景，感觉很漂亮。

2_充分利用搁板的装修
搁板有着不逊于收纳家具的实用性和装饰效果。现代的设计和色彩感搭配协调的搁板是用木材制成的，上面覆上一层菲林纸。木质搁板贴上菲林纸清扫起来容易，也给人更加现代的感觉。

3_百叶窗后深藏的回忆
把窗边的百叶窗收起来窗户下就会神奇地出现一个做得十分条理的收纳空间，这里摆有儿子收集的空瓶、很久以前某个人送的礼物、在旅行地购买的纪念品等凝聚着家人们回忆的小物件。

4_与现代氛围十分协调的金属吊灯
黑色盒子里的闪亮水晶仿若夜空中的星星一般。使用水晶和钢铁两种相反的材质，突出其强烈的存在感。现代感的设计适合在装饰安静氛围的空间时当作装饰灯来使用。

突出极简魅力的CD机购自无印良品。

4 吊灯购自乙支路DAUM照明。

以个人独有的家具装扮出的田园风公寓

李思淑夫妇结婚 10 年才置办的这个 32 坪公寓确实像所有的老房子一样，要修理的地方不止一处。出于将杂乱的家具再次利用的想法，从开始自己做粉刷到现在已经不知不觉 6 年了。

她的家里整洁得几乎找不出岁月的痕迹，而且就仿佛是活着的一样时时刻刻变换着模样。因为很难找到特别适合自己家的家具，所以亲手来制作家具，也因此她的家里至今常传出敲敲打打的声音。

data

家庭构成	房屋结构	特点	主页
夫妻二人 2 个女儿 （14岁、10岁）	106m²（32 坪公寓） 客厅、3 个房间（卧室、儿童房 2 个）、厨房、浴室 2 个、多功能室、阳台	每个角落都有主妇打理过的痕迹。动员起各种创意，充分利用床底、房门、吧台内侧等确保收纳空间。	Blog.naver.com/hamami10

客厅

从充满树木生机的复古风变身为令人联想到圣托里尼的白色客厅。沙发上套上白色的帆布，再用蓝色的格子布做成垫子，清爽的夏季装修就完成了。

1_有感觉的木质窗户
客厅里最引人注目的就是漂亮的窗边。在阳台窗框上装上木质的框架，与可爱的小品和白色长椅演绎出咖啡厅一般的氛围。

2_适合作为亮点装饰的布艺YOYO花
把圆形的碎布缝好后，系上绳子弄出褶皱来完成的YOYO花是新手也很容易挑战成功的小装饰品。连接起彩色的YOYO，用作平衡帘或者垫子等，都是能体味出诚意的浪漫元素。

3_增添清爽感的布艺小品
装饰靠垫很适合用来将家里的气氛变得清凉。让人眼前一亮的清爽的花纹与鲜艳的纯蓝色搭配，装饰出更加有感觉的空间。

4_用搁板简单装饰的板壁
粉刷成白色的板壁上挂上自制的搁板，填充空白。再挂上各种各样的小品来装饰，最后放上自制的画框和主人名字的首字母。

1 长椅下的藤编箱子是franc-franc(www.francfranc.kr)的产品。
3 夏季感浓烈的靠垫是自制的。
4 小画框和搁板是自制的。

客厅

作为DIY爱好者，她一有空就敲敲打打，制作出令人惊讶的东西。家里随处可见她自制的小家具和搁板装饰、小饰品等。

> 在木材的边角料上贴上标签做成的复古招牌。

5_手工打造的舒适角落

玄关正面对着的墙壁装修成了既复古又具有功能性的空间。装上板壁后的墙壁、装饰柜、原木色的窗户装饰，甚至连一个一个的小物品都是自制的，更加有意义。

6_理顺空间的遮盖物

人们大多把家电称作装修的大敌，但在这个家里却令人惊奇地看不到家电或者插座。原来，房主用木材下角料做成插座箱，把它们都藏了起来。不仅如此，连电话和开关也用自制的小箱子遮盖了起来。

5 当作遮布来用的亚麻布头购自paintinfo(www.paintinfo.co.kr)。

7_创意十足的小家具

电视机旁边放上自制的玻璃收纳柜，创造出一个可以摆放装饰小品的角落。房子外形的木箱子是能随时抽出速溶咖啡或者茶袋的创意小家具。

厨房

正梦想普罗旺斯风的厨房的时候，获得了免费换掉油烟机和水龙头等设施的机会，于是大胆地尝试了改造。瓷砖、餐桌、长椅等，到处都能感觉到女主人的创意和用心。

在废弃瓶上缠上缠纫用的滚边芯做成的花瓶。

1_改造成普罗旺斯风的厨房
曾经与一般的公寓无二的普通厨房，通过做旧感觉的瓷砖施工和橱柜改造彻底脱胎换骨。橱柜的把手用木材下角料自制而成。

2 泡菜冰箱的遮板是从pain-tinfo购买木材后制成的。玻璃门的收纳柜也是自制的。

2_灵活利用的隔断
不甘心冰箱和泡菜冰箱原样摆在那里，于是用结实的洋松木做了隔断和泡菜冰箱的遮板。在隔断上做上搁板，来收纳小饰品或者菜谱。泡菜冰箱的前遮板上做上了轮子，方便开关。

3_复古风格的餐桌
收纳空间充足的的吧台桌是利用儿童房的收纳柜和扔掉的电脑桌改造而成的。把简单却可爱的吊灯做成不同的高度，再用自制的复古招牌来点缀墙面。

1

2

3 木质小品全部
是自己制作的。

3

阳台

只要有一个完美的收纳柜，阳台上的收纳和装饰就能同时解决。在阳台一侧的窄墙上做横的板壁，以便在需要的位置放搁板。

能收纳遥控器等的实用小品也是自己制作的。

1_兼具收纳和装饰功能的收纳柜

作为DIY爱好者，做过很多装饰物品，这里做了三层展示柜来弥补原来收纳的不足。展示柜的后面不装挡板，让阳光充分照进来。同时在木框中间贴上薄板，做成门，增添了可爱的情致。

2_穿上针织外套的再利用花瓶

外形漂亮的饮料瓶不要扔掉，再利用起来养植物，看上去也好看。在饮料瓶上套上用钩针钩成的宽松的针织套，提高感性指数。

3_实用的横板壁

用板壁来装饰墙时一般采用竖向，而她在墙壁上贴上横向的板壁，让搁板更容易挂上去，还可以调整搁板的位置和数量，更加实用。

把不用的东西堆积在阳台上，阳台很快就会变成仓库。把不太用的东西果断扔掉，安放上板壁装饰和搁板、收纳柜、手工小品等，使它成为一个能感受到温情的地方。

DESSERT → *Sweet Dessert*

Cheese Cake	4.5
Tiramisu cake	4.5
Gelato Brownie	5.5

BAGEL
BRUNCH
Bagel + Coffee

Cream
cheese   Coffee

Bagel

卧室

卧室比其他的空间少了装饰，只忠实于休息这一个目的。大气的颜色和简约小品，演绎出地中海风的极具亲和力的卧室。

1 2

1_利用橱柜吊柜的梳妆台

在床尾放置的收纳柜兼梳妆台是从前厨房里的橱柜吊柜。做上门、抽屉和腿就成了全然不同的家具。墙壁上贴上方格布来点缀。

2_微风轻拂的卧室

白色木门和罗曼蒂克的拼接窗帘，还有简单的白色床，协调搭配在一起，演绎地中海度假村一般的悠闲氛围。

3_赋予小小趣味的空间

在床旁狭小的空间里放上一个尺寸正合适的抽屉柜，厌倦了还可以装饰成一个赋予变化的舒适角落。亲手做的护墙板上贴上针织布，抽屉柜上面也放上亲手做的小品，完成装修的点缀。

4_镶着半透明玻璃的紫色门

将卧室的氛围变大气的同时，房门也谋求破格的变化。大胆地将房门打洞镶上半透明的玻璃，让它变成一个带窗的房门，大气的紫色带有一种莫测的神秘感。

2 白色木门和布帘是自制的。
3 蓝色花布是在布料店（www.1000-gage.co.kr)购买的。
4 房门是用Benjamin Moore的AF600色粉刷的。

3

4

能够收纳小物品的收音机模样的座钟是在Paintinfo买的半成品。

儿童房 1

小女儿的房间用浅蓝色和黄色装修而成，感觉既静谧又可爱。

1_尊重孩子个性的装饰
小女儿的房间用浅蓝和黄色来打造温馨感。亲手制作的方格子窗帘和墙贴更增添了暖意。

2_凸显创意的多用途家具
虽然表面看上去是很普通的书桌，但打开上板就会露出电子琴。为了在小房间里放下尽可能多的家具而苦心思索出的创意令人惊讶。

3_200%利用边角空间的收纳
儿童房的特点是不大的空间里必须收纳下更多的东西。房门内侧安装了自制的书架，美观地整理好孩子常看的书。

4_有助于整理的定做收纳工具
为了整理孩子房间里较多的东西，定做合适的收纳工具很重要。自制简单的收纳工具条理地收纳琐碎的学习用品。

1 埃菲尔铁塔墙贴购自浪漫仓库（www.nangmango.co.com）。
2 衣柜、书桌、椅子都是自己制作的。
3 白色凳子是自己制作的。
4 汽车造型的灯具是DAUM Cafekinglemon(cafe.daum.net/kingemon)的产品。

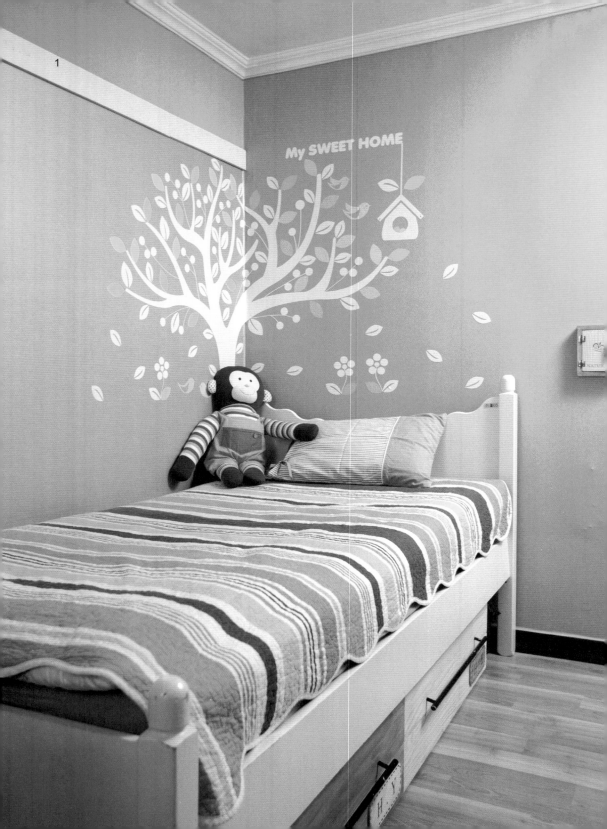

儿童房 2

大女儿的房间用鲜亮的橙色和绿色来装修。从房门到每一件小品都能看得出妈妈用心设计的痕迹。将有限空间最大利用的收纳创意十分出众。

1_橙色和绿色的调和
整个家里色彩感最突出的空间就是大女儿荷恩的房间了。橙色和绿色壁纸清爽搭配在一起,用墙贴进行点缀。

2_最大化利用空间的妈妈牌书桌
在抽屉柜和空间箱做的收纳柜上搁上桌板做成辅助桌,放在床和书桌之间的间隙空间,空间利用的想法相当不错。

3_灵气满分的收纳家具
在不用的书架上做上盖子和把手,做成正适合床下空间的收纳柜。这是一个能条理收纳过季衣物的名副其实的收纳工具。

4_与主色调协调搭配的照明
在原有的普通吸顶灯位置安放上与房间主色调搭配的橙色灯具,圆滑的曲线设计引人注目。

1 壁纸是Paintinfo的产品。墙贴是在ingrigo(www.ingrigo.com)上购买的。
2 书桌和抽屉柜、原木家具都是自己制作的。
4 橙色吊灯是飞利浦的产品。

1

艳丽的色彩，快乐的新潮房

李庆恩主妇曾经经营一家与人偶相关的购物店，她的家就仿佛是孩子们的梦中世界一般，鲜艳的颜色奇幻地铺开着。大胆地混搭绿色、黄色、橙色等色度高的各种颜色和各种印花，塑造成自由奔放的空间。可爱的儿童房小品和玩具同样增加着房子的生气。

data

家庭构成	房屋结构	特点	主页
夫妻二人 女儿（5岁）	108m²（33坪公寓）客厅、3个房间（卧室、儿童房、工作室）、厨房、2个浴室、多功能室、阳台	大胆搭配强烈颜色的新潮房间。混搭各种颜色和图案，生机勃勃。	Blog.naver.com/ywjlke

客厅

家人的时间主要在这里度过，所以装修成家庭成员都能满意的空间。满满的五颜六色又美丽可爱的东西，就像身处洪大（韩国有名的艺术大学）前的show room。

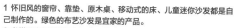

1 怀旧风的窗帘、靠垫、原木桌、移动式的床、儿童迷你沙发都是自己制作的。绿色的布艺沙发是宜家的产品。
2 书塔和电视柜都是在五金天地（www.77g.com）上购买桂花树木材来自己制作的。电视是现在已经停产的LG"古典"电视。
怀旧款的音响是TEAC的产品。
4 迷你原木书架是自己制作的，能朝各种方向坐的Lummel椅是Bonoya的产品。红色喷壶是宜家的产品。

1_ 有节奏感的颜色和图案搭配
绿色调布艺沙发和彩色的靠垫，从妈妈亲手做的儿童迷你沙发到个性窗帘，丰富多彩的布艺品让整个空间洋溢着节奏感。

2_ 鲜艳的颜色和木材的相遇
由于装饰品和针织品的颜色强烈，所以安放的是设计简单的原木家具，与任何颜色都能协调搭配在一起。

3_ 量身定做的搁板上展示的收藏品
房间和客厅之间的墙上展示着她收集的人偶。高度正适合芭比娃娃、人物模型的搁板是亲手制作的。把换掉盖子的饮料瓶当作存钱罐来用的创意也很有趣。

4_ 成为游乐空间的阳台
阳台装修成延续了儿童房的第二游乐空间，用活泼的红色吊灯来装饰。根据季节变化来变换墙壁的颜色或者换窗帘来寻求变化。

被五颜六色的装饰品和小巧的玩具填满的空间令人啧啧生叹。

时时刻刻变换颜色的小熊造型灯是ehnlux（www.ehanlux.com)的产品。

跳跳马鲜艳的粉色十分别致，是Rody的产品。

儿童房

小淑女艺智的房间是用色彩鲜明的玩具来点缀浅色的墙面和家具的。按照孩子视线的高度做的不高的家具沿着墙壁大大小小地排开，然后挂上形状有趣的吊钩。

1 粉红色抽屉柜是DULTON的产品。厨房游戏玩具、婴儿车玩具、人偶之家都是KidKraft的产品。悬挂式收纳网和粉色小猪收纳箱是宜家的产品。迷你书桌和椅子是收到的答谢品。壁面是用Dunn-Edwards的水蓝色DE5737色粉刷的。窗帘是在斗山OTTO购买的。
2 包括塑料箱在内的整理箱和移动式绿色收纳柜、小狗尾巴吊钩都是宜家的产品。
3 草莓墙贴是在itstics(www.itstics.co.kr)上购买的。

1_玩具作为饰品的童话一般的空间

各色的玩具和物品，刺激着孩子对于空间的感情。为了不伤到孩子，家具大部分选择的是棱角被磨圆的。能悬挂在天花板上的收纳网上挂上自制的猴子人偶，看到就会令人忍不住发笑。好像真实房子缩小版的"人偶之家"也能立刻抓住人的视线。

2_帮助整理收纳的塑料箱

用彩色的塑料箱可以美观地整理好孩子的玩具和过季的衣物。自制的衣架下层也设计成能够放置整理箱的地方，增加收纳功能。

3_给想象力添上翅膀的画布

对于喜欢画画的孩子来说，能够尽情涂鸦的黑板是最好的玩具。墙上挂上自制的大型磁铁黑板，贴上墙贴，让孩子尽情地发挥想象力。

厨房

在女主人的用心收拾下，厨房的品位脱胎换骨，整个房间充满温馨。吧台桌下做上搁板，美观地陈列孩子的书，收纳的创意很突出。

喝完的饮料瓶，换掉瓶盖，用作调味料容器。创意瓶盖是专为嫌弃改造麻烦的人设计的，购自icon-ic（www.icon-ic.com）。

1 收纳柜门上的便条板是用白铁和薄板制成的。
2 窗帘是自制的。餐桌是Casa Brava的产品。
3 带花朵图案的餐具是Portmeirion 的产品。

1_利用边角空间的收纳创意

在吧台桌的下面做上同样颜色的搁板，使它变成放孩子图书的书架。搁板是在木料上贴上胡桃色的薄板后，装上卡槽。利用卡槽可以随意调节搁板，十分方便。

2_增加食欲的橙色

选择的厨房主色是能够唤起食欲的橙色，让食物看起来更美味的黄色灯光既温暖又雅静。花样独特的窗帘为不小心就会感觉沉重的胡桃色家具增添活泼感。

3_变身开放搁板的吊柜

大胆地把原本配有不透明玻璃的吊柜门去掉，把白色的内面贴上胡桃色薄板，与其他家具颜色统一，在中间挂上搁板，提高空间利用率。

工作室

因为一般的家具和针织品都会亲自来做，所以这是对女主人来说最重要的空间，对房间的动线花费心思进行设计的同时，没有忘记丰富的颜色搭配。将各种作业工具条理整理，用来做装饰的心思也很抢眼。

1_洋溢着自由的作业空间

为了提高作业的效率，将桌子摆设成L形，坐着就能取到各种需要的作业工具。聚齐五颜六色的缝纫线圈的铁网作为装饰小品效果也很出色。

2_夫妇俩一起使用的亲密的书桌

工作室的一侧放置了两个人能一起使用的横向长书桌。因为书桌背对着工作台，所以即便夫妻同时使用工作室也互不影响。

3_堆满回忆的工作室阳台

如果说客厅一侧的阳台是为孩子们设置的游戏空间，那么工作室这边的阳台就是保管心爱物品的展示室。用收纳柜来保管人偶，用剩的薄板和作业工具等整洁地收在彩色的篮子里。

2 黄色的壁面是用Dunn-Edwards的Rubber Ducky色粉刷的。两人用书桌是在梧里驿家具综合卖场里定制的。椅子是Casa Brava的产品。
3 窗帘是用东大门市场上买的布料制作的。
人偶收纳柜是在网上人偶cafe上团购后刷漆制成的，收纳柜上面的马是日本MOOF的产品。

1

毫不累赘的现代感极强的家

在同一公寓隔壁单元居住的设计师朴志贤室长装修的池恩熙主妇的公寓。
体现家人爱好的客厅和厨房既现代又毫无累赘感的整洁。两个孩子的房间在充分
满足收纳要求的同时，还能培养他们的创造力和想象力。比较两个似乎相似但又
各自不同的儿童房是件很有意思的事情。

data

家庭构成	房屋结构	特点	主页
夫妻二人 儿子（9岁） 女儿（5岁）	106m²（32坪公寓）客厅、3个房间（卧室、2个儿童房）、厨房、2个浴室、多功能室、阳台	主要使用黑色，在可能显沉闷的空间里用带光泽的艺术墙和画框进行点缀。家具最小化来为空间留余白。	Blog.naver.com/ywjlke

客厅

将白色和原木色作为基础色，即便选择了黑色的家具也全然不觉得沉闷。阳光充足的窗边安放餐桌，让家人们共享团圆的时光。

在凹下去的瓦片里种上小花草和藓类植物就有了不一样的感觉。

2

1_增加生动感的条纹帆布

将原本为暗色的构架和防火门通过重包后换成白色，家里变得更加明亮。墙壁上挂上彩色的条纹帆布，给空间增加生动感。

2_移出厨房的正餐餐桌

直线条家具端端正正地演绎着整齐的氛围。在这里，白天沐浴着阳光，晚上有淡淡的照明，孩子们做作业，夫妻两人进行交流。为了将长型桌子的每一个角落都能照到，并排挂上了3个吊灯。吊灯本身就有着出众的装饰效果，而当光线直接落在餐桌上面时，就有了更加雅致的感觉。

1 黑色沙发和桌子购自domodesign(www.domodesign.kr)。
壁面上的条纹帆布画框是在斗山OTTO购买的。
2 原木餐桌是在Dallstyle定制的。
吊灯灯饰是在乙支路DAUM照明（02-2273-3331）购买的。
3 黑色电视柜是在Dallstyle定制的。

3_闪亮的艺术墙墙壁

沙发对面墙上尽可能少装饰，仅放置了极简设计的电视柜和电视机。白色让墙面看上去更宽阔，贴上闪光的艺术墙瓷砖，让它看上去不单调。

4_东方风味的屏门

屏门和玄关都是既现代，又暗含着东方之美的空间。用黑色马赛克砖装饰，更增添一份高贵。强调直线框架的屏门后面稍微露出的灰色花纹壁纸也很漂亮。

3　　4

在最基本的整洁的白色色调上利用黑色瓷砖、枝形吊灯和古色古香的餐桌来演绎出经典的味道。橱柜和冰箱周边的收纳柜等各种收纳空间也很出色。

水草和小鱼一起生长的粗糙的陶瓷水盆，为厨房增添一丝生机。

1 餐桌和椅子是Hanssem的产品。
2 枝形吊灯购自乙支路DAUM照明。
3 黑镜瓷砖购自乙支路韩国瓷砖。水槽是ENEX的产品。

1_整洁舒适的用餐空间
造型简单细节又高级的餐桌和椅子让愉快的用餐时间变得更加舒适。

2_展现优雅的枝形吊灯
不放置更多的饰品，而致力于一种必需的东西来进行点缀也是不错的主意。与一般的设计不同，水晶排成一列的枝形吊灯让空间既现代又有品位。

3_黑镜瓷砖增加重量感
将窗户和装饰线都变成白色后，再将变得明亮的房间用黑色来增加重量感是这个房子的特点。厨房里也是选择了白色的窗套和吊柜等，而厨房瓷砖却选择了黑色。

4_利用零碎空间的收纳创意
装修高手一定会将剩余的每一分空间都利用起来。冰箱上面和侧面做上收纳柜，增加实用性。

2

儿童房 1

女儿雅静的房间装修成了梦幻的公主房。浅淡的粉红色床罩，再加上小巧的寝具，一个可爱有趣的空间就诞生了。

1

3

1_可爱的床罩和圆点图案床上用品
给孩子一个属于她自己的空间，她就会对自己的房间产生热爱。满足女孩的浪漫梦想的蕾丝床罩和可爱的圆点图案床上用品营造了一个温馨的床。

2_床下的秘密据点
双层床的下层放上低矮的书架，再加上柔软的垫子和靠垫，孩子就有了自己的秘密据点。再挂上有窗户的帘子，看上去既不憋闷，又有了雅致的感觉。

3_创意台阶收纳柜
想要把零碎的小东西藏起来，试着用一下充满创意的收纳家具吧。给孩子上床用的台阶既是收纳柜，又可以当作椅子。

4_柔和又可爱的粉色
迎合整个房间的主题，壁纸也选择了粉红色。利用两种壁纸既不单调又不沉闷。在用嵌板分开墙面，使用不同图案壁纸的时候，较宽的一面用单色壁纸，较窄的一面用带图案的壁纸是比较稳妥的。

1 床罩是宜家的产品，床上用品是购自annsnamu（www.annsnamu.co.kr）。
2 床和台阶收纳柜是vankids（www.vankids.co.kr）的产品窗帘是自制的。

4

A JUNG

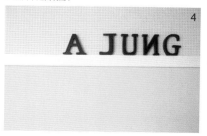

给床增加华丽感的红色窗帘是为了遮住水暖管道而自制的，挂上各种照片来增加可爱的趣味。

1

儿童房 2

儿子智运的房间没有使用一般男孩房间常用的蓝色，而是将薄荷色作为了主色。设计感、实用性和安全性兼备的床和整洁的搁板让房间生动起来。

适合做男孩子房间装饰品的机器人靠垫整购买自Touchme-Korea。

1_一箭双雕的双层床

孩子房间的家具除了考虑设计感和实用性以外，安全性也是必须要考虑的问题，所以选择起来并不容易。双层床的下层有抽屉，还带有安全防护，不用担心睡着以后掉下来。以大海为基本图案的可爱设计，让房间有了豁然开朗的感觉。

2_现代感十足的搁板

长大后也能使用的现代感设计的搁板是既可以立起来用作书架兼陈列柜，又可以挂起来当作搁板的功能性家具。

3_墙纸装饰的房门

最近流行在房门上贴门签儿或者绘画。贴上孩子的名字首字母和可爱的树木造型贴纸，房门就有了表情。

1 书桌是在dallstyle定制的。格子布床上用品购自annsnamu。床是在sasakids(www.sasakids.co.kr)上购买的。
2 书塔是宜家的产品。
3 墙纸购自sonjabee（www.sonja-bee.com）。

2

3

Take a rest

JI WOON ROOM

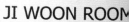

1

填满DIY家具的多彩空间

刘贞顺主妇的家就像童话里的某个场面一样五颜六色。大部分的人装修的时候会选择不易出错的颜色，但美术专业出身的她毫不犹豫地选择自己喜欢的颜色。利用各种材料，来做出生活中需要的一切东西，这里介绍的就是这样一个万能主妇DIY的家。

data

家庭构成	房屋结构	特点	主页
夫妻二人 2个儿子（12岁，8岁）	122m²(37坪公寓） 客厅、3个房间（卧室、儿童房、工作室）、厨房、2个浴室、多功能室、阳台	家里到处都是鲜艳的颜色，生机盎然。不仅是自制的半成品家具，连利用阳台的装修也洋溢着个性。	Blog.naver.com/peanut0723

儿童房

用清爽的树木画来打造童话般的五彩儿童房。饱含着妈妈爱意的家具让人不由得再多看一眼。

用做家具剩余的木料做的笔盒。在玻璃砖上贴上英文字母进行点缀。

3

2

1 树木状的墙贴购自sonjabee(www.sonjabee.com)。
搁板装饰是自制的。壁面是用Duun-Edwards的涂料粉刷而成的。
2 半成品书桌和椅子购自decoroom(www.decoroom.co.kr)。
台灯是mintb-house(www.mintb-house.com)上购买的。
黑板是在画框里黑漆做成的。
4 收纳搁板是在decoroom上购买的半成品。
流行艺术肖像画是描画的两个儿子的脸，可以在facefactory（www.facefactory.co.kr)上订购。

1_为好奇心强的孩子进行的墙面装饰
壁纸上面用清爽的蓝色进行粉刷后贴上墙贴，完成一面有表情的墙。搁板和迷你相框也很惹眼。

2_用半成品制作的书桌
书桌和椅子是买入半成品后加工的。即使是同样的半成品，根据粉刷颜色的不同，氛围和完成度都会不同，这就是半成品制作的魅力所在。为了让孩子便于记录，在书桌前面挂了一个小小的黑板。

3_凝聚真诚和创意的就寝灯
床头一侧壁面上安置的灯是由壁灯直接改造而成的。用真诚和创意完成了这样一个充满感情和个性的灯饰。

4_承载特别心意的流行艺术肖像画
书架前面的零碎空间里安放了抽屉柜和收纳搁板。因为空间小，所以尽量避免用装饰，而是摆上了模仿奇特斯坦《幸福的眼泪》的风格来画的两个儿子的漫画肖像。

4

儿童房

儿童房不那么宽敞，但利用收纳家具进行了有条理的收纳。自制的空间箱收纳柜和能放进很多东西的书架都是亮点。

5 收纳柜是用收纳箱做成的。
壁面上方的蓝色是都芳漆的糖果蓝色。
下面的绿色用的是Dunn-Edwards的DE5536号色。
6 书架是Hanssem的产品。半成品迷你书桌和椅子是在Decoroom上购买的。

让空间氛围变得愉快的木偶。

用空间箱做的收纳盒加上轮子来移动也不错。

5_作为收纳空间来用的儿童房阳台

家里再没有比阳台更容易沦为仓库的地方了。儿童房的阳台也是被琐碎的孩子物品弄得满满当当，但放上几个利用度高的收纳柜就都整理得井井有条了。

6_结构紧凑的书架

在物品较多的儿童房中，左右装修成功的因素就是收纳。极其简约的同时又结构紧凑的书架让房间感觉更加整齐和洁净。

1

卧室

夫妻两人的卧室也以大胆地将最宽的墙面装饰成原色为特点。蓝色和复古小品演绎出亲近自然的感觉。

想要拥有一个复古行李箱的话，试着做一个吧。纸箱、红酒箱、抽屉等材料应有尽有。

2

1_有深度的颜色和木材的调和

复古的蓝色墙壁和环保的木质家具浑然一体的空间。书桌、椅子、衣架、收纳柜都是买入半成品后油漆而成的。

2 半成品椅子和桌子购自Decoroom。
墙贴是在Sonjabee上购买的。
墙贴下面的复古行李箱是用扔掉的抽屉做成的。
3 半成品的床头是在Decoroom上购买的。衣柜是原有的衣柜改造而来的。

2_创意涌现的作业空间

卧室里放了一个能够完全收纳缝纫机的书桌，作为构思作品的空间。简单设计的椅子后背上带有插袋来收纳装修相关书籍。

3

3_换掉床头板的床

对作为嫁妆买来的仿古床觉得厌倦以后，买来半成品的床头，漆成与衣柜相似的感觉，于是床就变得像新家具一样华丽了。

长椅沙发上并排放着的各种花色的靠垫与暗绿色墙协调搭配，营造出图画一般的风景。

1 沙发和桌子是在Decoroom上购买的半成品。
靠垫是自己制作的。窗户模样的墙贴购自Naturaldays。
黑色单人座椅购自picasso（www.e-picasso.com）。
2 半成品搁板购自Decoroom。鸟主题画框是ingrigo（www.ingrigo.com）的产品。
3 陶瓷装饰10灯照明是cabinlamp（www.cabinlamp.co.kr）的产品。

1_方方正正的方形客厅

靠垫、画框、搁板、桌子等各种四边形聚在一起，组合成有趣的图画。每个四边形的大小、材质、颜色都不相同，所以感觉并不生硬，而是十分可爱有趣。

2_让人眼前浮现出森林的植物墙

将木质原样裸露在外的收纳搁板和极简设计的鸟的印刷品挂在绿色调的墙壁上，就完成了令人联想到森林的绿色墙设计。

3_带有丰富光线的主照明

带有10个灯泡的灯具可以自由调节光的方向和亮度，十分让人满意。

4_正适合狭小空间的定制家具

贴上嵌板改造而成的玻璃柜旁边放置了一个收纳箱柜。收纳箱价格低廉，堆起多个可以做成不同的造型，所以学习改造的新手也可以挑战一下。

阳台

不知道还会不会有这样的家，像这样挖空心思去利用容易沦落为仓库的阳台。观赏装修得像房间一样美丽可爱的阳台颇有一番乐趣。

1_阳台一侧的私人空间

这是令她成为知名博主的空间之一。墙壁上粉刷了Yegreena Suede漆，因为必须要有漆刷的痕迹才能感觉出皮质的立体感，所以对新手来说也很适合。墙壁的下面贴上墙板，用绿色漆粉刷，放上红色的椅子，营造出一个清新的空间。

2_每个看到的人都会赞叹的绿色收纳柜

大型收纳柜是用孩子小时候用过的书柜改造而成的。书柜上面的搁板部分是用鱼鳞云杉板材自己做成的，大小正合适。

3_有鸟的悠闲风景

在树枝上放上布艺小鸟，完成一幅田园风光图。用碎布头做的小鸟是将外国杂志剪贴后做成的。

4_浪漫十足的小品

并排摆放上有软木盖的玻璃瓶或者把布料收集起来做成的手工小品与拍立得照片一起挂起来，空间更添一份温暖的气息。

1 桌椅都是decoroom的半成品。
墙壁上方是用Yegreena Suede 漆的wispy green颜色粉刷的。
4 大象硬币包是在公平贸易集团（www.fairtradegru.com）上购买的。

3

厨房

厨房比其他地方有更多的收纳柜和搁板，改造成怀旧风的小品也很突出。在多功能室也设置了盥洗台，让它能像小厨房一样使用是它的特点。

1 桌子和长椅是在decoroom购买的半成品。水龙头照明是Cabinlamp的产品。
2 橙色墙壁是用Duun-Edwards 的DE 5243色粉刷的。门上的吊钩和口袋是自制的。

1_薄荷色的温馨厨房
用墙板来装饰墙壁，主色采用薄荷色，温馨感觉弥漫的厨房。独特设计的照明吸引眼球。

2_用清爽的橙色装饰的多功能室
因为堆积物品很容易变得黑暗的多功能室用橙色来粉刷，增加清新感。在原来的樱桃木色门上衬上嵌板，用乳白色粉刷后，挂上吊钩，营造怀旧感。

3_有雅致窗口的小厨房
厨房和多功能室之间的窗户上挂上自制的可爱对称窗帘，感觉很清爽。在多功能室里单独设置一个盥洗台，扮演着小厨房的角色，可以用来收拾青菜等。

小房间&玄关

小房间是夫妻二人主要使用电脑的地方，利用遮光窗帘营造静谧的气氛。这是唯一使用黑色来点缀的空间，比起其他地方现代感更强。

1_极简装饰的墙面

安放了搁板和收纳柜，用黑色的小品进行点缀。有正方形图案的壁纸是她自己亲自施工的。除了在要贴壁纸的地方，在边缘上更要留足余白仔细涂上胶水，这种裱糊技巧更像是行家里手。

2_合理利用的阳台

用墙板来营造舒适氛围的小房间阳台。放上桌子，用自制的小饰品来装饰，即便是被当作另外一个房间也当之无愧。

3_蕴含温暖的屏门

屏门担当着将玄关和室内划分开的角色，所以要将室内的氛围彻底整理好，装饰屏门是十分有效果的。将樱桃木色的屏门贴上嵌板，就变成复古的木门。

4_让人心动的玄关展室

选择喜欢的颜色，勇敢地把房门粉刷了吧，一次就能彻底地改变玄关的氛围。方便穿脱鞋子的简易长椅具有收纳的功能，可以有条理地收纳好各种物品。

1 搁板和整理台是自制的。
绿色的墙面是贴的Daedong壁纸的Capri pluto deep green色。
2 植物图案的窗帘是斗山OTTO的商品。
4 具有收纳功能的长椅是decoroom的半成品。

1

温暖洋溢的复古之家

家，就是生活在那里的人。收集并售卖海外商品的金成恩主妇和她在海外事业部工作长期出差的老公都喜欢旧物件胜过新东西，所以他们的家里到处散发着岁月痕迹层层累积后落叶一般的芬芳。

data

家庭构成	房屋结构	特点	主页
夫妻二人	116m²(35坪公寓）客厅、3个房间（卧室、工作室、衣帽间）厨房、2个浴室、多功能室、阳台	把旧公寓按照自己的喜好装修起来的房子。夫妻两人在世界各国收集的旧物构成了一个小小的博物馆。	www.marilasbr-ooch.com

客厅

结婚2周年的新婚夫妇，自由发挥地进行装修。从一面墙放电视机，对面放沙发的典型客厅结构模式中摆脱出来，这样的装修十分引人注目。

1_提高空间活用度的布局

客厅中间放置餐桌的逆向思维很突出。夫妻二人读书、用电脑工作、吃饭等大部分的时间在这里度过。

2_有肃静之美的模拟抽屉柜

以简单的外形来体现材质感觉的家具很漂亮。抽屉柜里面收纳卡、图章、香烛等体积小的物品。上面摆放着旅途中收集的小物件。

3_赋予空间表情的复古小品

有很多进货后打算在自己经营的复古专卖店中销售，却又舍不得卖掉的商品。复古老式打字机是马拉松的产品，可以实际使用，在网上复古品购物店里很容易买到。

1 餐桌是自制的。
椅子是在乙支路家具店购买的。
灯具是在印度尼西亚的雅加达露天跳蚤市场购买的。
2 抽屉柜是在market-m（www.market-m.co.kr）上购买的。

4_客厅里的小图书馆

为了充分体现外露混凝土来装饰的墙面之美，他们特意放置了开放式书柜，但书比想象的要多，露不出墙面，稍微有些遗憾。

客厅

耀眼的阳光下大大小小的花草和复古小品摆放恰当，营造出森林中庭院一般的感觉。

5

6

8 沙发是SOMMO的产品。

7

5_自然的复古墙面装饰

书架旁的墙面去掉壁纸，露出水泥原貌，贴上壁砖后，变成复古风格。在壁挂式花盆中养常春藤等藤蔓类植物，它们就会自然地沿着墙往上爬，成为漂亮的装饰。

6_盛着光线的彩色玻璃

这里聚集了从很多国家收集来的蓝色玻璃小品。放进香烛点着就会营造出神秘的氛围。

7_利用梯形搁板的绿色装饰

如果没有适当的养花草的地方，可以利用梯形的搁板挑战一下室内花园。即使是狭小的空间也可以放置很多个花盆。

8_阳光充足的沙发

沙发放在能够眺望窗边的地方，让人可以边休息边沐浴温暖的阳光。客厅窗前层层叠叠的花草赋予空间郁郁葱葱的感觉。

9_自制的创意开放式柜子

用红酒瓶做支架，上面放上面板而制成开放式柜子，在上面放上大号的镜子，把它当作梳妆台来使用也毫不逊色。在镜子上方的空白处利用干花和向下生长的花草来营造一个空中花园。

10_有品位的玻璃门冰箱

常常招待朋友享受party的夫妻二人，为了让朋友们能更方便地拿食物，把冰箱安放在了客厅，虽然冰箱就放在玄关旁，但没有丝毫的不协调感。

11_整齐码放的木箱

把书架下方的空间死角也利用起来扩大收纳空间。把复古的木箱子整整齐齐码放起来不仅能起到收纳的作用，装饰效果也很出众。

12_用照片来做的自然壁面装饰

照片或者图片不是一定要放在相框里挂在墙上。把喜欢的图片聚集起来，用贴纸或者胶带贴起来也能成为漂亮的装饰。

9 SUNRISE缝纫机是奶奶留下来的东西。
墙面上的粉色瓷器花瓶是从妈妈那里得来的。
蓝色玻璃花瓶购自英国伦敦的诺丁山波多贝露市场（Portobello Market）。
10 玄关门是用黑板漆粉刷成的。

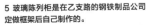

厨房

隔开厨房和客厅的玻璃陈列柜也可以当作简单的餐桌来用，处处摆放着妈妈收集的复古小品，像博物馆一样古色古香。

1_遮挡家电的隔断兼家具

收纳柜是自制的，摆设的物品是从海外的二手市场淘来的商品和从妈妈那里继承的相当数量的东西。

2_饱含回忆的陈列柜

制作了玻璃陈列柜来保管饱含着回忆的东西。泰晤士河边的瓷器碎片、旅行地的照片、妈妈的日记本等琐碎但足以让人回忆的东西。

3_自制的粗糙收纳柜

复古风的收纳柜当然还是要自制才有味道，涂上木器漆让它有旧物的感觉，再在玻璃门上贴上半透明的吊灯图案的贴纸装饰。

4_仿古咖啡豆研磨机

在雅加达苏腊巴亚（泗水）的古董街上买的手动式咖啡豆研磨机。用生铁制成，带来的时候煞费了一番苦心，但每当闻到刚磨出来的原豆香味时还是觉得买对了。

5_富含异国色调的厨房

在印度尼西亚的古董市场淘来的彩色玻璃吊灯让厨房的异国风味扑面而来。在亚克力板上绘制的梦幻感的图画，给厨房增添了神秘的感觉。

5 玻璃陈列柜是在乙支路的钢铁制品公司定做框架后自己制作的。
天蓝色的餐具柜是自己设计后在工坊定制的。

卧室

干净整洁得让人不敢相信这已经是15年的公寓。窗侧放一个收纳长椅提高空间的活用度。床头一侧挂上大大小小的复古镜，床尾摆放着一个个收集起来的缝制人偶增加温馨感。

1 床是在SOMMO购买的。
床上用品是Cath Kidston的产品。
4 猫头鹰是ty的产品。
墙面蓝色壁纸是daedong壁纸的spectrum blue色产品。

1_垂挂白色窗帘的卧室

低矮的家具和明亮的颜色让空间感觉更加宽敞，同时又有了暖洋洋的氛围。白色窗帘是用nesshome(www.nesshome.com)上买来的面料自制的。

2_有品位的床头柜陈设

独特的梳齿状的床头柜上摆放着白色的陶瓷产品和自然感觉的玻璃瓶，以及设计现代的灯具。

3_古典的枝形吊灯

因为卧室采光不错，所以在床尾悬挂了一个小的枝形吊灯，然后各处放置了局部照明。夜晚时，各种照明搭配在一起营造出淡淡的温暖的氛围。

4_给空间增添趣味的搁板

如果墙面感觉比较单调，就尝试给空间增加节奏感的创意家具吧。隐形搁板让书看起来就像漂浮在空中一样，利用它就可以完成饶有趣味的装修了。

6

5

5_以无秩序为魅力的盥洗室

卧室的小盥洗室里有自制的搁板、改造的餐桌和可爱的小品等。可以简单洗手的洗面池是用半成品餐桌改造而成的。

6_模样亲切的人偶装饰

在床对面的钢琴上放置着很久以前开始一点点收集起来的人偶。从限量的受收集人士喜爱的ty人偶到从海外复古店买来的各种人偶，种类繁多。

7_有故事的小品

复古物品之所以有魅力是因为它们都包含着故事。即使是从外表看来很普通的东西也是如此。如果知道了它里面的故事，就会把它看得比宝石更有价值。复古镜上挂着的帽子里充满了小时候参加钢琴会演的回忆。

7

1

传统与现代完美结合的家

用干净的白色来装饰的空间里使用的都是能感觉到自然美的颜色，所以家里四季都散发着春天的气息。陈研希主妇有一个今年高中毕业的儿子，她希望能够最大化地利用旧家具和从母亲那里继承来的旧物。重新装修结束后，她的家就变成了一个超越时空的各种要素协调搭配浑然一体的空间。

data

家庭构成	房屋结构	特点	主页
夫妻二人 儿子（19岁）	106m²（32坪公寓） 客厅、3个房间（卧室、孩子房间、衣帽间）、厨房、2个浴室、多功能室	看得到传统与现代交融的家。古色古香的家具、漂亮的地板自然地融合在现代式公寓里。	www.baomida.com（施工公司——Baomida的主页）

客厅

每个来家的客人都会不吝惜赞美的词汇——"就像画廊一样！"用白色来装饰的空间里就像做过拼接工作一样，客厅里混搭颜色的画作、各种颜色的靠垫和谐搭配在一起，就像在展示颜色搭配的法则。沿着天花板埋入的卤素灯在画廊一般的空间营造中发挥着重要的作用。

古色古香的瓷器是从婆婆那里得来的。

1_像水彩画一样明亮的客厅

阳台扩建，再将天花板、墙面和地板都用白色粉刷，视线一下子就开阔了。不用窗帘，而是选择布艺百叶窗，让温柔的光线渗透进来。水彩画感觉的画作、彩色的靠垫、绿油油的植物营造出自然的风景。墙上的画是David Bailey的作品，可以在Gurim.com、white space、artwiseseoul等网站上购得。

2_地台上的静谧时光

扩建的客厅一侧利用二手材料做成小地台。从前婆婆的瓷器、色彩浓重的靠垫，以及吊灯演绎出的空间极其平和。地台比地板做得高出一层，可以收纳书或者小物品。躺在上面看书，盛夏的酷热都会消失得无影无踪。

1 沙发和桌子、地垫都是负责家里施工的公司Baomida制作的。靠垫都是kittybunnypony（www.kittybunnypony.com)的产品。
2 高地台是Baomida公司制作的。吊灯是在论岘洞灯饰商街购买的。

3 电视柜是Bao-
mida制作的。瓷器
是婆婆给的。
4 床上用品是Aller-
man(www.aller-
man. com)的产品。

客厅&卧室

3_现代空间里添加的自然主题小品
木质感的家具和郁郁葱葱的绿色植物等抵消了家电产
品的冰冷感，给空间增加温暖的气息。现代家具下面
放置的漂亮瓷器特别协调。

4_强调余白美的卧室
卧室的装修尽可能减少饰品，忠于 "休息"这个主
题。使用的是光线易透过的组合百叶窗，在保持私密
感的同时，让空间不憋闷。床放置得离墙面有一些距
离，打造能感受到留白的卧室。

5_利用已有家具的家具装饰
按照女主人的要求，希望重装后也能尽可能地使用原
有家具，所以卧室大部分的家具没有换掉，更换了软
包的凳子和墙上的画透出素雅的美。

厨房

白色的背景和古色古香又有朴素美的原木家具和谐搭配的厨房。这里也是传统美和现代美融合的地方。

1

> 混搭了天然原材料的单人椅是Furnimass（www.furnimass.com）的产品。

1 餐桌、长椅和餐边柜都是Baomida制作的。

2

1_代替隔断的餐边柜

家搬得更小了，所以餐具的收纳一度是主妇最头疼的事。为了解决这个问题制作了隔断兼收纳柜，把从客厅到厨房的视线隔断，给人整洁的感觉。收纳柜两侧的开放式搁板上摆放着很早以前就开始收集的令人倍感亲切的物品。细致入微的瓷器吊灯是NJ照明（www.njnk.kr)的ceramoon 款型，可以在各种灯饰店里买到。

2_融合在现代空间里的古家具

保存过季衣物的柜子、蓝色瓷器、光滑的西班牙产进口瓷砖自然地搭配在一起，给厨房增添古典美。

为了让乐器和音响设施协调搭配，墙壁选择了暗色，而家具选择了简单的金属材质。键盘的X型支撑架和桥梁模样的铁质椅子搭配的感觉很突出。

儿子房间

为音乐专业的儿子打造的个性空间。一面墙的装饰墙纸让房间富有生机。可以收纳CD的壁面嵌入型收纳柜、壁橱门上的挂架等别致的收纳创意可见一斑。

1_个性洋溢的装饰壁纸

贴上简洁而设计现代的装饰壁纸，即使不再挂上图画或者装饰品也能赋予空间生动感。壁橱门上做的挂架是可以多种利用的聪明创意。描绘都市摩天大楼的灯罩也给空间增添了艺术感。

2_同时摆放才更加漂亮的照明

比起单放一个现代设计的灯泡来，把同样的东西排放几个更加有视觉。可以通过将电线挽起来调整高低，让它们错落有致的话，空间节奏感会更强。

3_可以当作油画布的单色墙壁

床头一侧墙面装饰墙纸，剩余的墙面都贴上了暗色的单色墙纸，墙纸本身就成为了油画布，贴上照片或者画作也很抢眼。

1 装饰壁纸购自dias(www.dias.co.kr)
天花板的灯饰是在论岘洞灯具商街购买的。
2 灯泡是在论岘洞灯具商街购买的。

1

童话般可爱的公寓

于志英主妇的家充满了一般家庭中不轻易使用的颜色和摄影棚才会有的家具。她先以女儿海易为模特拍照，后来干脆成为了儿童摄影师。她的家也成了可以进行实际拍摄的摄影棚。

下面介绍的就是赏心悦目的充满玲珑的小品的她的家。

data

家庭构成	房屋结构	特点	主页
夫妻二人 女儿（7岁）	112m²(34 坪复式公寓） 客厅、4 个房间（卧室、儿童房、小房间、阁楼）、2 个浴室、多功能室、阳台	因为把家当作摄影棚来使用，所以为了让背景不那么单调，经常更换家具的布局和墙漆是一个特点。	Blog.naver.com/ dn016305/

客厅

虽然是西南向，但由于结构好所以阳光充足的客厅。
与一般有电视和沙发的客厅不同，孩子的家具和玩具
占据了大部分的空间。

1_靠装修小品重生的儿童家具
不管装修得多么好，只要有孩子，就很容易因为满满
的玩具和涂鸦等变得凌乱。不用市面上的动漫产品，
而是让妈妈自制的温暖牌儿童家具和布艺小品填满空
间，感觉可爱有趣。

2_豁然开朗的复式结构
复式结构的最重要的优点是透过1层和复层窗倾泻进
来的阳光。开阔的天花板也让它没有公寓特有的憋闷
感，这是这个家最大的魅力。

3_雅静温馨的金属床
放上饱含着母爱的鲜艳靠垫和人偶等物品，增添温馨
的气氛。对于比较活泼或者睡相不好的孩子，在四面
围上保险靠垫也是一个办法。

桦木做的小鹿摇马
是宜家的产品。

1 儿童遮阳伞套是在Gmarket购买的，椅套、地垫、
人偶床、儿童衣柜都是自制的。
3 靠垫和画架是自制的。
白色金属床是宜家的产品。

1

2

1 画架型的黑板是自制的。
儿童用靠背椅是在Gmarket购买后又做的椅套。
3 正餐桌和椅子是在mydreamhouse(www.mydreamhouse.
co.kr)上购买的半成品。

3

阁楼&厨房

房顶原样暴露在外，漂亮的阁楼房被用作各种用途。
厨房用彩色的餐桌和鲜亮的红色吊灯装修得清新宜人。

1_复式结构获得的附加空间

房顶的样子原样反映在结构上，阁楼房被装修成多功
能的空间：读书、沉思、孩子玩耍。这是复式结构才
有的附加空间，所以可以尽量根据需要来灵活利用。

2_能俯视到下层的安静书房

在透过通窗能一眼看到下层的地方放上桌子和椅子，
打造一个朴素的书吧。能够享受娴雅安静的氛围里的
咖啡、读书时光，这也是阁楼房的另外一大乐事。

3_鲜艳的颜色搭配打造的活力厨房

蓝色餐桌、绿色椅子和红色吊灯等浑然一体，打造出
轻快感。单调的墙面用袜子造型的贴纸来装饰。

儿童房

因为是进行拍摄的摄影棚，所以定期变换家具布局和墙面颜色。浓烈的粉色墙壁好像太过招眼但幸好女儿喜欢。

1_鲜亮的艳粉色卧室

没有选择儿童房多用的浅色调，而是大胆地使用了艳粉色。尽管颜色浓烈，但与各种颜色的玩具和谐搭配在一起，散发出跳跃感的魅力。

2_精力旺盛的颜色搭配

华丽的黄色和养眼的绿色的搭配给孩子极大的正面能量，也对心理安定有帮助。窗旁边的狭窄边角墙壁上挂上画框和迷你小黑板，消除单调感。低矮的书柜上用孩子名字做成的大字母来装饰。

3_移动家具位置来打造崭新的氛围

儿童用家具重量不沉，所以改变布局可以培养孩子的空间感和创造力。房子里面的玩具箱和玩具家具挪到阳台就能装修成另外一个孩子玩耍的空间。

喇叭外形的壁灯是宜家的产品。

1 4色泰迪熊是在Orange story购买的。
彩色的玩具家具是在sonabee（www.sonjabee.com）
上购买半成品后自己粉刷的。
黑色铁制床是宜家的产品。
2 窗帘是宜家的产品。薄荷色收纳柜和罗马字母装饰是在
sonjabee上购买后自己粉刷的。
3 蓝色花箱子是Amber的产品。小熊箱子是在E-mart购买的。

1

创意打造的独特公寓

李润静和安相俊夫妇是设计师，他们选择了龙仁的一个公寓顶层作为自己的第三个家。想远离层间噪声而选择的这个房子是高层，又是南向，所以四季都有令人羡慕的丰富采光。由于设计师这一职业的特性，再加上想要按照夫妻两人的风格装修房子，所以对过时的公寓进行了全面改造。

data

家庭构成	房屋结构	特点	主页
夫妻二人 女儿（2岁）	106m²（32坪公寓） 客厅、3个房间（工作室、卧室、儿童房）、厨房、2个浴室、多功能室	从设计到施工监理都是夫妻两人亲自做的。摆脱了典型的韩国式公寓装修模式，100%反映了夫妻二人的喜好。	Blog.naver.com/ ahnsj00

客厅

没有全部委托给装修公司，而是夫妻两人亲自设计后将各项施工委托给专门公司来做，最终完成的，不是千篇一律的结构和家具布局，而是适合两个人生活方式和动线的装修。

靠垫摆放的不同家具的表情也就不同。靠垫是在hyens设计（www.hyens.co.kr）上购买的。

1_立体空间感突出的客厅
试着改变一下把沙发靠墙，对面墙面放置书柜和电视的典型布局吧。在做了壁挂式书柜的墙壁前面放上沙发，取书来读或者看电视就变得无比舒服了。书柜用中密度纤维板做成后进行粉刷，显示着赏心悦目的存在感。用字母装饰的上层很有感觉。

2_用照明来装饰的隔断
装修的时候夫妇二人考虑的最重要的部分就是照明。在客厅和厨房之间做了隔断来让空间更丰富。安放4个三波长灯管后做上亚克力，让它发出淡淡的光。

3_现代的白色艺术墙
夫妻两人之所以决心自己装修是因为很难找到完全尊重自己所追求风格的装修公司。甚至连家电摆放的位置他们都详细地图纸化，施工的时候也认真地检查，最终得到了梦想的家。仅靠局部照明来装饰的艺术墙是用中密度纤维板做出样子后粉刷而成的。

4_素净的斯坦的纳维亚风格家具
简洁的桌子就像从开始就一直在这个家里一样，与周边自然地融合在一起。地板和艺术墙是白色的，所以抽屉的原木色成为素净的点缀。

2

1 沙发是Vens(www.vens.co.kr)的产品。吊灯和壁灯是在乙支路照明商街购买的。墙面是在funnho-bby(www.funnhobbyco.kr)上买来油漆后粉刷的。
4 茶几是Modernica 的产品。

3

4

1

家整体装修成现代风格，唯有厨房想要演绎得柔和一些。并列立上几张美松胶合板做成的艺术墙效果十分突出。

给厨房唤来春天的华丽的茶壶是Casamia的产品。

2 红色吊灯购自10×10（www.10×10.co.kr）。
3 艺术墙和爱尔兰餐桌都是自己设计后委托木工厂制作的。

2

1_用孩子照片来装饰的画廊墙
在客厅和厨房之间的角落用淡淡的蓝色来粉刷，装饰成可以挂照片的画廊墙。定期换上丈夫拍摄的照片，最近挂的是抓拍女儿日常生活的照片。

2_漂亮可爱的搁板
用爱尔兰餐桌解决收纳后，没有做沉闷的吊柜，而是做了搁板。与驼色的墙壁十分搭配的红色照明给空间增加了活力。

3_增加自然情感的厨房
木头材质的艺术墙是在中密度纤维板上面贴上美松胶合板做成的。厨房中间使用吧台桌代替普通餐桌，三面都有收纳空间，甚至能轻松地收纳大件家电。

3 用黑白二色装饰的空间既现代又容易给人冰冷的感觉，把一侧的墙面用木质艺术墙填充，来改善这一点，增添暖意和舒适感。

1

1 投影显示屏购自老尹家
（www.yuncine.com）。
2 布艺沙发是ccbrand
（www.ccbrand.co.kr）
的商品。
3 橙色吊灯是在10×10
购买的。橙色靠背椅则是
feelwell（www.feelwell）
的商品。

2

书房

一般都会将最大的房间用作夫妻两人的卧室。但这对夫妇觉得将最大最好的房间当作卧室可惜，于是装修成了看电影或者读书的书房。书房的空间利用创意出众，里面的衣帽间和浴室也引人注目。

1_放在家里的电影院

为了将空间装修成真正的多媒体空间，放置了100英寸的大屏幕和各种音响设备，做成家庭影院系统。

2_舒适感停留的空间

舒服的沙发和充足的靠垫，还有完美阻断光线的遮光窗帘，能够舒服地观赏电影的最佳条件就全都具备了。这里还放上了有空气净化效果的橡皮树，增添了舒适感。

3_生机勃发的维他命色

红色和橙色等维他命色小品给空间带来生气。把曾用作卧室的这个地方装修成书房的理由是为了在最好的房间里度过更多的时光，进行再充电。书桌和书架是自己设计后委托木工厂加工的。

5

4

复古感觉的红色
台灯是Amono(www.amono.co.kr)的产品。

4 瓷砖是在乙支路建材商街挑选后委托专门公司施工的。
6 黑框镜子是annaprez(www.annaprez.com)的产品。
梳妆台是自己设计后，委托木工所加工的。
彩带壁灯是在乙支路灯饰商街购买的。

6

4_度假村风格浴室

与改造成干式的主浴室不同，书房的浴室去掉了原有的洗脸池和马桶，只把台阶抬高后安设了浴缸。用黑镜瓷砖、壁灯、spa用品等装饰而成的浴室会让人感觉来到了休养地的度假村。

5_增加档次的墙面

为了把浴室打造得比其他地方都舒适，在基本建材上进行了投资。自然感觉的进口瓷砖和装着异国风景照片的相框装饰出不一般的品位。

6_古典和现代融合的化妆室

以黑白色为主色调的化妆室，利用曲线罗曼蒂克的壁灯和镜子来完成既现代又古典的风格设计。

卧室&儿童房

卧室用深海军蓝色粉刷后，挂上大大小小的画框来营造画廊一般的风景。用明快的绿色墙面和图案可爱的照明来装饰的儿童房里放置了实用性和创意无限的书架。

1_利用小房间的雅静卧室

卧室的墙面用深色的海军蓝粉刷，强调一种静谧舒适的感觉。床头一面挂上大大小小的画框，散发着画廊一般的气质。毫无累赘的简洁床头桌同样增添舒适感。

2_有创意书架的儿童房

儿童房的清爽绿色墙面是用环保漆粉刷后，放进丈夫亲自挑选的文具来完成的。这里增加五颜六色的颜色和带图案的吊灯后，更加突出了可爱生动感。另一侧的墙面上做上壁画瓷砖后安放了能看见墙面的开放式收纳柜，是把木料按照尺寸裁好后，整齐地码放在收纳箱上面做成的，不需要复杂的组装。

> 有个性的画框是将在Ebay上购买的亚历山大·亨利的布艺作品镶进去做成的。

1 床是Acebed的产品，海军蓝的墙面是在funnhobby上购买涂料后粉刷的。床头桌是Modernica的产品。画框是宜家的。
2 绿色墙面是在funnhobby上购买涂料后粉刷的。
灯饰是在modernlighting(www.modernlighting.co.kr)上购买的。

1

手制家具装修出的温馨家

这是金素英主妇的家，她经营着一家专为幼儿制作环保手制家具的专卖店——魔法树（www.yousulnamu.com）。虽然从事着做家具的工作，但因为没有时间，不能将自己的家真正装修完美，是她的遗憾。尽管如此，透过装饰家里各处的木质小品和画作等还是能看得出琐碎但有感觉的装修。

data

家庭构成	房屋结构	特点	主页
夫妻二人 儿子（14岁） 女儿（11岁）	116m²（35 坪单元房） 客厅、3个房间（卧室、2个儿童房）、 厨房、2个浴室、多功能室、阳台	没有在施工上花很多钱而是依靠家具和小品来装饰。自制的家具和各处摆放的画作很抢眼。	ubyum.blog.me

客厅

巨大的圆形镜子引人注目的客厅。放长椅型沙发的一侧有白色的家具和浅色的针织小品增加柔和又温馨的氛围。对面简单的电视柜和壁钟等最小化的装修体现着留白之美。

2

仔细着色的木制玩具是自制的，在魔法树购物店里有售。

1_利用镜子扩大空间
装饰墙面的方法虽然有多种，但如果想要空间看起来更大，更想立体来表现的话，挂上镜子是个不错的办法。框架古典的镜子给空间带来力量。

2_有感觉的小品设计
家具上面的空间最适合展示个人喜好。装着孩子照片的相框和欧洲风的可爱小品很有感觉地摆放在上面。

3_低矮电视柜带来的留白
客厅沙发对面没有放上各种物品，而只有电视柜、台灯、花瓶等物件。没有阻挡视线的东西，所以看上去很清爽，同时又能成就空间的留白。

4_在间隙空间做上的鞋柜
在原有的鞋柜旁边的间隙空间做上了尺寸正合适的鞋柜。即使放上很多双鞋子看上去也很整洁。

3

4

1 白色长椅在魔法树有售。儿童靠背椅是在Chocolat上购买后自己做的椅罩。窗帘是自制的。
2 画是以Tasha Tudor（塔莎·杜朵）的童话为主题自己画的。
3 电视柜是Casamia的产品。

137

1

2

3

儿童房

梦想成为芭蕾舞演员的女儿和活泼的儿子的房间是用妈妈做的环保家具和可爱的小品来装饰的。柔和的浅色调和色彩鲜明度高的原色恰当地搭配在一起，给人活泼的感觉。

1_妈妈的手工环保家具

女儿智宇的房间定了粉红色为主色调，填满的是妈妈亲手做的家具。从每一个抽屉都绘制了不同图案的书桌到花朵模样的镜子和成套的梳妆台都可爱无比。

2_活用床垫做床

没有使用体积大的床，而是放上了低低的床垫，去除憋闷感。床尾放了一个房子形状的书架，让孩子能够自己利索地整理玩具和书。

3_用孩子的手艺来装饰的个性墙面

钢琴上方的空白墙面用孩子的作品来装饰。钢琴上面放置一个很像智宇的芭蕾舞少女画框，让小物品能够自然地衔接起来。

4_各种颜色混搭的空间

性格活泼的儿子有范的房间用多种颜色混合装饰。轻快的蓝色书架、柔和的绿色书桌、活泼的粉色抽屉柜等共同营造了生机盎然的氛围。

5_实用的台阶形收纳柜

结实的台阶形收纳柜让孩子坐上去或者踩上去都没有问题。适合装饰空荡荡的空间，每一格都区分得很好，物品收纳起来很方便。

妈妈亲手做的小巧玲珑的船。

1 梳妆台和书桌是魔法树卖的产品。
2 书架在魔法树有售。
4 书架和抽屉柜在魔法树有售。
5 收纳柜在魔法树有售。黄色格子窗帘是自制的。

4

5

厨房

为了收纳各种料理工具和琐碎的小物品安放了壁挂式书架和餐边柜等，从而成就了一个整洁的厨房。水泥感觉的墙面有种复古咖啡厅一般的感觉。

有可爱的格子图案灯罩和圆灯座的台灯是在forhome(www.forhome.co.kr)购买的。

1_增加轻快感的布艺物品
格子印花的台布给满是白色家具的厨房增添了活力。各种图案的小旗帜也给空间增加了节奏感。

2_负责收纳的罗曼蒂克餐边柜
每个女人都会有对餐具的贪心。但一个一个地收集起来后，如何收纳这些多之又多的餐具就成了厨房装修的关键。设计优雅的餐边柜放在餐桌后面，一举解决了可见的收纳和隐藏的收纳。

3_独特感觉的水泥壁纸
连接客厅和厨房的墙面是用水泥感觉的壁纸来装饰的，只要挂上图画就可以表现出与众不同的氛围。厨房一侧墙面上挂了一个壁挂式书架，需要料理配方的时候立刻就能拿出来看。

1 餐桌是Casamia的产品。
3 壁挂式书架在魔法树有售。
水泥感觉的壁纸是第一壁纸的stonehenge款。

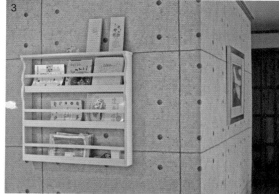

1

有亮点地**改造出的奢华房**

装修时考虑家庭成员的喜好，在发扬个性的同时又整体协调的吴有静主妇的家。
亲自粉刷、贴装饰条、画画等，房间里处处都显示着女主人精巧的用心。为了让
空间看起来更大，主要使用明亮的颜色，适当混合相似色调的颜色，避免单调。

data

家庭构成	房屋结构	特点	主页
夫妻二人 儿子（12 岁）	116m²（35 坪公寓） 客厅、3 个房间（卧室、儿童房、工作室）、 厨房、2 个浴室、多功能室、阳台	主要采用明亮的色调，房间看 起来宽敞，亲自画的插画和雕 刻精巧的雕刻图案增加立体感。	blog.naver.com. jandrose

客厅

大小正合适的电视组合柜和装饰单色墙面的插画一下子就映入眼帘。放复古设计沙发的墙用黑边的端正画框和怀旧风的电话机等小品来装饰。

在大拼图板上刷上黑板漆后，贴上贴纸后做成的万年历。数字牌是在剪成圆形的泡沫板上贴上数字和橡胶磁铁后做成的。

1_古典家具和小品引人注目的空间
黑色的皮质沙发很容易给人沉重感，但利用淡化的蓝色墙壁和黑色的小品就能与它有品位地互补。

2_让条理的收纳成为可能的电视组合柜
客厅沙发对面墙面上放一个电视组合柜，有效地收纳电视和书等物品。线条漂亮的乳白色电视组合柜储物格很多，能整洁地收纳各种琐碎的物品。客厅一侧还有一个为宠物狗Juny亲手做的粉红色小屋，很抢眼。

3_自己画的插画装饰
装饰墙壁一侧的花朵图案乍一看上去像是墙纸，但其实是吴有静主妇自己画上去的。为了装饰单色壁纸，用淡淡的银灰色的颜料画成。

4_给空间带来活力的小品
将有存在感的小品放在恰当的位置就能成为亮点。怀旧风的克罗斯利付费电话是20世纪50年代美国使用过的公用电话的复制品。

1 沙发是在美之风景（MPG）购买的。
枝形吊灯是在vivina-lighting(www.vivina-lighting.com)上购买的。
4 电话机是在南大门进口商街购买的。

5

客厅&厨房

客厅一侧有一个在别人家里看不到的独特角落吸引着人的视线。在客厅和厨房分界线上的吧台桌是夫妻俩亲自改造的。厨房里做了与客厅氛围相似感觉的收纳柜，十分整洁。

5_高级的黑镜瓷砖餐桌
夫妇俩亲自改造的吧台桌是在原来的板面上用瓷砖胶贴上瓷砖后，最后做上勾缝完成的。沿墙面做的现代餐边柜带玻璃门，看上去不憋闷，同时又让整洁的收纳成为可能。

6_有奥黛丽·赫本的角落
一直苦恼这个角落应该怎么做，最后在壁纸上画了奥黛丽·赫本的画像，是在壁纸上面先用铅笔素描后着色完成的，但据说因为太精致，很多人都以为是贴的墙纸。门框用白色粉刷后贴上装饰条，营造出异国氛围。

7_聪明地进行遮挡的雕刻画板
需要一个既能适当地遮挡收纳各种杂乱物品的多功能室，同时又看上去不沉闷的东西，于是在多功能室门上贴上嵌板，然后发挥了她所擅长的木刻技术。先用铅笔进行素描后，再用锋利的刀子小心地刻出来是关键。

6

7

工作室

画画或者进行改造工作的工作室是显示女主人爱好的空间。以粉色为主色，安放的是与之搭配的白色家具，大部分的家具和小品都经过了一次以上的改造。

与粉红色空间协调的电话机是在南大门大都商街购买的。

1_可爱的粉色主题工作室

墙壁、家具，甚至连装饰品都做成粉红色，洋溢着青春的气息。用透明的玻璃瓶子来保管容易丢失的改造材料，既美观又有利于收纳。可以购买同样外形的玻璃瓶，把饮料瓶外的标签清除干净来用也不错。

2_老旧家具的华丽变身

把久用后觉得厌倦的家具改造一下就能彻底变成不同的家具。把单调的白色收纳柜粉刷成粉色，最后贴上雕刻画作。

3_易找又易用的彩带收纳

曾经经营过专业包装店，所以工作室里包装相关的辅料很多。为了整洁地收纳，在收纳柜里装上横梁，把彩带并排挂在上面。

儿童房

把孩子琐碎的物品都收纳在阳台上，房间里只放书桌和床，装饰得干净整洁。通往阳台的门是自己改造的，在玻璃窗上贴上棒球Logo的贴纸，增加轻快感。

> 设计感性的就寝灯是宜家的产品。

1_蓝色和木制品的融合
贴上装饰条后又粉刷改造的框架门与房间的整体氛围协调搭配在一起。玻璃窗上贴的棒球形贴纸和彩色的小旗让房间透出有趣可爱。

2_收纳箱改造成的收纳柜
大部分的收纳在阳台上解决，利用的是收纳箱改造成的收纳柜。把四个收纳箱连接在一起后，装上台面、腿和门而制成。

3_装饰空墙面的墙贴
单色的墙面很容易和任何家具搭配，但缺点就是看上去空荡荡的。利用现在各种设计的墙贴就能装饰出有感觉的墙面。

4_用孩子照片来装饰的房门
冲洗出孩子小时候的照片，装进相框里。相框的边框颜色和门的颜色相似，就像一整套一样，很协调。双层床的下层用作书籍的收纳空间。

1 小旗子购自Interpark。
3 赛车设计墙贴是在sonjabee(www.son-jabee.com)上购买的。

> 在社区文具店购买的组合飞机用作装饰品特别合适。

儿童房

以白色调的家具为基础，装修整体上简洁干净。改造的家具和自己画的做旧画令空间萦绕着罗曼蒂克的氛围。

刷漆后再画上做旧玫瑰装饰画完成的带灯罩灯具。

优雅的玫瑰图是自己画的。

超细纤维床上用品和黑色台灯购自Emart。

1_以简单为魅力的卧室

不放很多的家具或者小品，装修简单。有着木头质感的地板式床是拜托工坊的熟人特别打造的。虽然没有床垫柔软，但因为是木头材质，有着贴近自然的氛围。墙上挂上自己画的做旧装饰画进行点缀。

2_罗曼蒂克大变身的家具

对新婚时候买来，使用了12年的樱桃木色衣柜进行了大胆改造，在衣柜的整体和缎带设计的装饰线部分薄薄地刷了大约三层奶白色油漆，然后刷上清漆完成。装饰线可以在乙支路4街买到，据说大量购买还可以享受到更低廉的价格。

J·Y·H
LOVE HOUS

I loved you; and perhaps I love you still,
The flame, perhaps, is not extinguished; yet
It burns so quietly within my soul,
No longer should you feel distressed by it
Silently and hopelessly I loved you,
At times too jealous and at times too shy,
God grant you find another who will love you
As tenderly and truthfully as I.

玄关

吴有静主妇的手艺在普罗旺斯风和现代风绝妙融合的玄关部分也毫不保留地展示出来，这是能够经营需要细心和感觉的专业包装购物店的出众手艺。

沉迷于做旧玫瑰的魅力的日子里亲手画的门签。

1 字母是在sonjabee网店购买后自己刷成的黑色。
4 复古框的镜子是在cocorobox(www.cocorobox.com)上购买的。
鸟笼是在daisyhouse(www.e-daisy-house.co.kr)上购买的。

1_给人强烈第一印象的抹灰和文字图案
在一进家门就能看到的墙面上抹灰后，加上家人的姓名首字母。下面的精致城市插画乍一看上去像是墙贴，实际上是用亚克力涂料自己画的。

2_改造成普罗旺斯风的玄关
如果想要家里的氛围更明快一些，那就需要从可称作家的脸面的玄关开始改变。通过亲自调色的绿色漆和门签进行清爽地蜕变。

3_提亮玄关的照明创意
遮挡配电箱的复古少女图是将杉木做成盒子后，再把图画印好后贴上去的。下面是贴上墙砖后，装上光线朝上的传感器灯，增添温馨的感觉。

4_洋溢春天气息的花朵装饰
据说在家的入口——玄关摆放上植物或者森林的图画能带来好兆头。空间小的话，放上花环、香包、干花等也是不错的办法。

左右对家的第一印象的玄关。
本色的墙砖、花朵装饰、鸟笼等既舒适又感性。

1

现代与自然混搭的婚房

当喜欢现代风格的夏润姬主妇和她渴望温暖感的丈夫相遇的时候，他们面临的最大的课题就是——如何才能将相反感觉的两种要素协调起来？

再三苦恼之后，他们置办了简单却感性的家具、颜色温暖的墙壁、现代画，于是，能共同满足两个人喜好的空间就完成了。

data

家庭构成	房屋结构	特点	主页
夫妻二人	116m²(35 坪公寓) 客厅、3 个房间（卧室、衣帽间、书房）、厨房、2 个浴室、多功能室、阳台	简单装饰的现代感空间里增添木质家具和温暖的颜色，完成感性的装修。	www.baomida.com（施工公司 Baomida的主页)

客厅

由温暖感觉的单色壁纸和窗帘、线条简单的家具搭配而成的现代和自然恰当融合的空间。整体以浅色调和原木色为基础，各处使用醒目的红色进行点缀。

1_设计空间的间接照明
在客厅里放上落地灯，灯本身就能起到装饰的效果，打开灯就能营造出柔和温馨的氛围。将柔和的浅色调墙面和针织品的颜色统一起来，空间看上去就更加宽敞了。

2_热烈和余白美相映成趣的玄关
在左右对家的第一印象的玄关处放置一个简单的"冂"字形桌子，上面随意放置一幅画，家具和画的暗色和屏门的红色形成对比的同时，增添了简洁美。

3_简约不累赘的家具
家里的家具大部分使用的是沉静的咖啡色原木，给人复古的感觉。去掉装饰的简单设计确实是令其与其他现代小品和谐搭配的要素。

4_感性的镜面搁板
整体上使用自然色调，同时在客厅的各处用清爽的红色进行点缀的空间很醒目。玄关角落做上红色框架的镜面搁板，摆设可爱的小品，打造一个感性的空间。

> 风趣地表现美国总统奥巴马的塑像是新婚旅行时在夏威夷买的。

1 米黄色沙发是在盆唐区家具园区购买的。
红色单人沙发是furnimass (www.furnimass.com)的产品。
蓝花靠垫是francfranc(www.francfranc.kr)的产品。
落地灯是在论岘洞照明商街购买的。窗帘和桌子是负责这家施工的Baomida制作的。相框是在gurim（www.gurim.com）上购买的。地垫购自Bathom。
3 同时满足收纳和设计的电视柜是Baomida制作的。
4 镜面搁板也是Baomida制作的。

厨房&书房

收纳的定式无非就是智慧地收纳家具，为了打造既简洁又实用的空间，利用的是多功能家具。书房和厨房里分别用黄色和橄榄绿来增添暖意。

能触及到自然的毛毡杯垫是在Francfranc购买的。

1 一体餐桌是Baomida制作的。
2 收纳柜也是Baomida制作的。
3 书柜和书桌都是Baomida制作的。椅子是Furnimass的产品。

1_多功能厨房家具
从地板一直延续到墙面、天花板的餐桌是个多用途家具，它是客厅和厨房的隔断角色扮演者，同时又具备收纳和照明功能。同时安放上和餐桌外形相似的长椅和单人椅子，给设计增添趣味。

2_让厨房更宽敞的收纳柜
为了整洁地保管家电和琐碎厨房物品引入了收纳柜。因为其他的厨房家具都比较高，所以用了较低的收纳柜，使绿色的墙面显露出来，令厨房豁然开朗。

3_氛围安静的书房
夫妇共同使用的书房的一面墙壁全都割爱给了收纳。书架上的收纳格大小不一，能够整洁收纳不同大小的物品，抽屉上带的姓名签兼把手很有感觉。

3

高度和宽度不同的收纳格有多个，所以能收纳各种大小的物品。夫妻两人的回忆和日常生活都条理地放在上面。

家电产品同样也可以尽量天然，展示这一点的音响是雅马哈TSX-130机型。

没有床头的床让空间有了豁然开朗的感觉。
填满房间各处的单色调让心灵宁静。

卧室

以女主人喜欢的灰色为主色，安放上能感觉出木头纹理的木百叶窗、简单坚固的家具等演绎出雅静的卧室氛围，整体上流露出温暖的感性。

复古又实用的工业风台灯是在论岘洞灯具商街购买的。

1 床是Baomida制作的。相框里的照片是野生生物摄影师 Andy Biggs 的作品，是Baomia设计的。
2 书架和收纳柜都是Baomida制作的。

1_散发素净之美的床

她喜欢的灰色墙面与狩猎旅行风景的黑白照片和谐搭配，营造出画廊一般的氛围。原木床上面放上台灯和钟表等小物品，侧面作为收纳空间使用。

2_复古工业气氛

与客厅柜统一设计的收纳柜、金属材质的书架、工业风台灯等各种小品搭配在一起，演绎多种风格融合的空间。

3_雅静又奢华的空间

贴着温暖感觉的针织布的化妆间门和简单的原木衣架，使房间就好像雅静的宾馆一样。Casamia上购买的衣架不占用很多空间，同时又能悬挂常穿的衣物，特别令人满意。

1

白色系的整洁公寓

从小物品制作到瓷砖施工、浴室工程都是自己来做的，这本身就很令人惊讶。而自己施工又很难找到装修盲点这一点，不由得让人再次惊讶，这就是李唯美主妇的家。

整个家装配合自然风格，搁板自是不必说，就连窗框和装饰品都使用木材。用马赛克瓷砖进行改造的家具也给空间增添了别样的美。

data

家庭构成	房屋结构	特点	主页
夫妻二人 儿子（3岁）	106m²(32坪公寓) 客厅、3个房间（卧室、书房、小房间）、厨房、2个浴室、多功能室、阳台	整体上采用素淡的生态主题。表面装饰材料主要使用木材，在客厅里放上大花盆进行点缀。	Blog.naver.com/ ivorysoup

2

客厅

如果想要那种久居也不厌倦的装修，自然风格是正确选择。宁静的氛围中用葱绿的花盆进行点缀，家具和小品都选择了尽可能少装饰的极其简约的设计。

1_素淡色装饰出宁静的客厅

只使用了白色、象牙色等自然的颜色，因此不管放上什么样的饰品都能很自然地搭配。用高高的羽叶福禄桐来点缀不小心就会显得单调的空间。

2_阐述余白之美的空间

从包裹花盆的木帘、原木感觉的电视柜以及零星摆放的复古小品中感受到余白之美。不美观的室内电话用四角搁板和迷你布帘完全遮挡起来。

3_多才多艺的简单原木家具

原木凳子是可以随意变化位置进行收纳和装饰的万能家具，上面放上复古的小品就能构成画报的一个场景。

4_活泼的红色玄关门

给宁静的氛围加上节奏感的红色玄关门是涂上石膏粉后，用Sierra彩色油漆的红色进行粉刷的。木牌是在边角料木板上贴上装饰条后用模具技术刻上的姓名。

3

1 灯具是在mamasfun(www.mamasfun.com)上购买的。
2 电视柜是在mydreamhouse(www.mydreamhouse.co.kr)上购买的半成品。

4

能够贴便条或者挂装饰物的板子是自制的。

卧室

以白色为主，墙面、家具、门的颜色统一，用有色彩感的针织品进行点缀。窗户框和搁板等选择原木色，自然搭配。

1_朴素又雅致的卧室

房间整洁、毫无累赘感。木质的窗棂、红色图案的床上用品、自然的装饰品等让房间没有冰冷感。利用靠背椅和凳子简单营造一个适合读书或者休息的空间。

2_有儿童床的宁静风景

儿子秀民的床就放在卧室的一边。在Tinylove购买的彩色风铃，按下按钮就能边转边传出音乐声，激起孩子的好奇心。

3_变身自然风格的窗户

刚搬来的时候土气的窗户和不透明玻璃让她犯愁。于是大胆地去掉房间的窗户，自己做了木质窗架。自然的窗架无论配上什么样的窗帘都能营造出可爱氛围。

4_饰品兼衣架

只要有边角料模板和和几个衣钩就连新手也能立刻做好的壁挂衣架。挂上衣服和可爱的小饰品，还有特别的装饰效果。

1 靠背椅是在olivedeco(www.olivedeco.com)上购买的。
2 风铃是Tinylove(www.tinylove.co.kr)的产品。

厨房

用细小的马赛克瓷砖来装饰的墙面、干净的白色橱柜和木质的厨房小品给人舒适雅静的感觉。

1_看起来就很清爽的薄荷色

厨房整体以白色为基础，多功能室的门刷成薄荷色，不枯燥，薄荷色入眼就令人心情愉悦。

2_利用角落打造主妇自己的空间

利用厨房和客厅之间的角落打造的女主人自己的工作空间。放上能放缝纫机的桌子，墙面上做上搁板，收纳琐碎的辅料。

3_增添温暖感的照明

皱褶的玻璃吊灯给空间增添复古氛围。长长搭下来的线随意系上，就有了洒脱的味道。

一块块贴上马赛克瓷砖改造而成的瓷砖柜充满了现代感。

2 原木餐桌是用在THE DIY（www.thediy.co.kr）上订购的木材制作的。

4_清新的白色瓷砖墙面

用小小的瓷砖仔细贴好的墙面和金属抽油烟机干净整洁的同时又稍给人冰冷的感觉。木质的厨房用品弥补了这一点，同时让纯净感更突出。

浴室

最近浴室改造DIY在主妇中很有人气，不过当真正想要尝试的时候，却容易因为不知道该从哪里下手而最终放弃。让我们来听一听既节省了费用又打造出个人满意的浴室的李唯美主妇的秘诀吧。

小巧的瓷砖材质的门签是在 market-m(www.market-m.co.kr) 购买的。

3 木质搁板是自制的。方格纸图案的布料购自nesshome(www. nesshome.com)。

1_从设计到施工都亲自做的浴室

从一个来了客人就特别想藏起来的空间，变身为想要敞开房门来展示的浴室。2个浴室的设计到施工都是家人自己来做的，总费用一共花了200万韩元左右。想要在浴室使用怕水的木材的话，就要尽量挑选比较防水的木头种类，然后仔细涂刷2~3遍清漆，使用时尽可能不溅上水。

2_收纳条理的空间

浴室里卫生纸和毛巾等必需的物品很多。利用搁板和金属篮来将浴室用品进行彻底地收纳。再加上几本书、原木相框和花草来强调整洁的氛围。

3_感性的窗边风景

大胆地去掉卧室卫生间里原来沉闷的大理石搁板，换上原木的。用清爽的方格纸图案的布做成的遮帘让空间可爱感顿生。

给空间增色的亮点小品

1 吐司置物架
帮助完成可爱的早午餐时间的吐司火车。各节火车用磁铁连接在一起。是设计师Reiko Kaneko的作品，在designpilot(www.designpilot.net)有售。

2 彩色汤锅
给厨房增加亮点的糖果色。可以在在烤箱和微波炉中使用。在Hanssem(www.hanssem.com)有售。

3 橙色挂钩
俏皮地表现油漆流淌下来的样子的挂钩。适合挂雨伞或者外套等。是德国PULPO的产品，在designpilot(www.designpilot.net)有售。

4 三层边桌
放在沙发或者窗边空间，可用作边桌或者简易凳子。在Hanssem(www.hanssem.com)有售。

5 编织篮子
只要有一个针织的物品就能提高室内的温暖度。能盛放杂志或者水果的编织篮子是Ferm living的产品。在Jaimeblanc(www.jaimeblanc.com)有售。

6 钥匙挂圈
出门前手忙脚乱地找家里钥匙的事情不会再有了。把钥匙挂在一对小鸟身上，保管在鸟窝模样的钥匙箱上吧，两只小鸟也可以当作防身哨子来使用。是推出各种绿色概念小品的QUALY 的产品。在pylones(www.pylones.kr)有售。

7 面巾纸盒
用再生木和刷上对人体无害的油漆的环保中密度纤维板做成的组合式面巾纸盒，是德国WERKHAUS的产品，在lmnop(www.lmnop.co.kr)有售。

8 键盘凳
翻过来也可以当作收纳家具用的键盘设计凳子。是ART BOㅅ的产品，在Poom（www.poom.co.kr)有售。

1

活用木质家具的水粉房子

随着对白色和田园风格的热情日益加深，朴水晶主妇的家就像一个素描本，只要不满意就可以翻到下一页画出新画作的素描本。换一种家具布局或者用新的布艺品就能转换气氛，变化无穷。

data

家庭构成	房屋结构	特点	主页
夫妻二人 2 个儿子（4岁、1岁）	108m²(33 坪公寓） 客厅、3 个房间（卧室、儿童房、书房）、厨房、2 个浴室、多功能室、阳台	给新婚时候购买的自然家具搭配上自制的布艺品和半成品小家具等，形成温暖的田园风格。	Blog.naver.com/ jinyong109

儿童房

孩子们在卧室睡觉，所以儿童房就装修成了忠于游戏和学习两种功能的空间。以自然色的家具和蓝色墙面为基础，摆放彩色的饰品。

能盛纳琐碎小物品的篮子是在potterybarn（www.potterybarn.com）上购买的。

1_想象力生长的空间
配合家里的整体主题，选用了木质的家具。再加上粉蓝色的墙壁、五颜六色的玩具、有趣图案的窗帘等，充满了可爱的趣味。

2_快乐洋溢的室内游乐场
地上铺上了孩子蹦跳或者吃的食物掉落下来也毫无负担的游戏地垫。彩色的滑梯和火箭状的整理箱，光是看一眼就很开心。

3_培养创造力的大白板
儿童用品中感觉买的最好的就是这个带磁铁功能的大白板。体现孩子创造力的涂鸦本身就能成为墙面装饰。

4_凝聚妈妈爱心的桌子
正适合孩子身高的桌子是在THE DIY购买了半成品后油漆而成的。没有单独的抽屉，在两侧做上宜家买来的调料架，于是，简单的收纳就成为了可能。

1 厨房游戏玩具是Kidkraft 的产品。
原木衣柜和抽屉柜购自Casamia。
墙面是用Dunn-Edwards的DE5862号颜色粉刷的。
2 壁挂式玩具整理箱和蓝色窗帘是宜家的产品。
3 装饰旗是自制的。
4 椅子购自Gmarket。

1

卧室

放置柔和素淡感觉的木质家具，再加上葱翠的大型花盆，打造一个让孩子和夫妻两人都能完美休息的惬意空间。

自然的白色藤制纸巾盒是在Casamia购买的.

1_拼接和木材带来的暖意

夫妻俩的床和孩子的床并排放置的卧室。所有的家具都统一为木质。在整洁的空间里再用颜色鲜亮的拼接床上用品增加亮点。

2_写字台和脚凳装饰出的梳妆台

作为新婚家具购置的梳妆台是不常见的书桌样式，适合读书或者写信等简单的工作。

3_孩子的壁挂式书架

孩子的床头挂上一个壁挂式书架放孩子喜欢读的童话书和杂志。于是，每到早晨都能看到孩子先起来读书的样子，感到十分满足。

2

1 夫妻两人的床、孩子的床、床头柜、壁挂式书架都是Casamia的产品。床上用品是在Modernhouse上购买的。台灯是宜家的产品。
2 操作台、镜子、脚凳、椅子都是在Casamia购买的。

3

书房

书房装修成全家人都能使用的舒适氛围。墙面用轻盈的颜色粉刷，放置的是温暖感觉的家具和装饰品。没有购置电脑桌而是在原有的桌子上挂上能遮挡电线的帘子后使用的。

1_有品位的家具和饰品的混搭

不是一提起书房两个字就令人联想到的生硬的氛围，而是用薄荷色粉刷墙壁，充满春天的感觉。带铁丝网门的搁板柜、药柜、椅子都是不同颜色不同品牌的，之所以让人感觉统一，是因为材质和风格相同。

2_收纳和装饰兼具的原木书架

收纳的根本是让外面可见的装饰和想要隐藏的东西区分开。自然的原木书架上协调地摆放着美观的小品，想要藏起来的东西用篮子进行收纳。

3_古色古香的迷你模型装饰

当很多迷你模型收集在一起的时候更能发挥作用。在搁板上摆上一排就更能增加气氛。

1 椅子购自设计空间（www.gagu824.com）。
书桌和药箱是Casamia的产品，墙面是用dunn-Edwards的无光5735色号粉刷的。迷你模型自行车是Modernhouse的产品。

1

能盛纳各种调料的罗曼蒂克设计的小罐购自 Casamia。

厨房

想尽办法来利用空间，例如厨房窄小，把餐桌放在客厅等。把原本暗沉的樱桃原木橱柜亲自刷漆，再换掉把手，完成华丽的田园风厨房改造。

2

3

2 餐边柜是Casamia的产品。
3 埃菲尔铁塔模型是在amono(www.amo-no.co.kr)上购买的。

4

1_聪明利用小厨房

地方越小就越需要大利用的创意。把占地多的餐桌放在客厅，再把墙面刷上亮色的油漆，厨房看上去就更加宽敞。

2_线条优雅的餐边柜

餐桌移到别处后放上一直梦想的设计简洁的原木餐边柜，摆放厨房用品。

3_自然的格子布的魅力

自制的布艺小品手艺好的都能用来售卖，所以家里各处都能看见与家具协调搭配的布艺设计。红色格子布、格子呢靠垫和埃菲尔铁塔模型演绎出温馨的气氛。

4_亲自改造的更宜人的橱柜

看不惯暗沉的樱桃木色，亲自改造好的橱柜。把门扇刷成白色后，再换掉把手它就像新家具一样干干净净了。吊柜的对称窗帘是自制的。

1

客厅

大部分人只要买进家具就懒得再动，搬家时候的布局会维持好多年，但勤奋的她每几个月就会换一次家具布局。正因如此，她的客厅没有感觉厌倦的时候。

能完美地呈现出粗糙的木质感，所以更加漂亮的相框是在Casamia购买的。

1_木质演绎的田园风客厅
贴上木墙板的墙面夏天看起来很清爽，冬天看起来则不仅温暖而且与白色或者棕色的家具也自然地搭配在一起。厨房狭窄所以把餐桌放在扩建了的阳台上，可以每天早晨沐浴着阳光进餐，十分舒适。

2_赏心悦目的绿色装修
据说，为了刷出既清爽又看上去不冰冷的绿色墙面，她重复了很多次的调色和试刷工作。和绿茶冰激凌同色的墙面颜色给空间增添宁静又新鲜的感觉。

3_充满快乐的木房子
孩子们喜欢舒适的地方，希望能拥有属于自己的空间。她希望儿子晟敏成长为一个有很多梦想的孩子，所以送了他一个小木房子。

1 白色桌子套装是PRINCIA 的产品。相框套是在Treentree(www.treentree.com)上购买的。
2 玩具车是Radio Flyer 的产品。
3 木房子是在sonjabee(www.sonjabee.com)上购买的。

2

3

1

粉红色的罗曼蒂克复式楼房

金华姬主妇的家是楼房的顶层，下层是夫妇的生活空间，阁楼当作裁缝作业和培训的空间。打透天花板后敞亮的客厅、感受到甜蜜的卧室、活泼的粉色主题客房、弥漫着舒适氛围的工作室等，家里的每一处设计都包含着小而用心的创意。

data

家庭构成	房屋结构	特点	主页
夫妻二人	99m²(30 坪复式楼房) 2 个客厅、4 个房间（卧室、衣帽间、客房、工作室）、厨房、2 个浴室、多功能室、阳台	最大化地利用复式楼房的特点。将粉色作为主色，各处摆放自制的布艺小品，可爱感立现。	Blog.naver.com/ heesue2240

客房

把每个女孩都曾经梦想过的阁楼房作为客房使用，装修成可爱的粉色主题。用明亮的粉色来粉刷的墙面，粉色系的床上用品、饰品，一直到带褶皱边的窗帘，没有一处不吸引人的目光。

> 与罗曼蒂克房间十分协调的造型活泼的门牌是在11号街购买的。

> 圆点印花和小巧蝴蝶结的室内鞋是自制的。

Pink Room

2

1 床是宜家的产品。床上用品和相框是自制的。
墙面是用KCC森林系列浅粉色油漆粉刷的。
2 门上面的遮帘是在sonjabee（www.sonjabee.com）上购买的半成品。
3 桌子是改造的回收品，椅子垫是自制的。

1_感受到少女情怀的卧室

从粉刷的墙面到自制的床上用品、床头上挂的相框，一直都是粉色的延续。使用各种色调的粉色，在小相框里放进有安静印花的针织布，来弥补单调。

2_手工罗曼蒂克遮帘

在客房入口处挂了一个自制的遮帘，营造出雅致的氛围。在半成品的遮帘上面交替刷上蓝色和粉色，挂上花环，强调与家里整体氛围一致的罗曼蒂克。

3_利用零碎空间的迷你书房

床旁的角落放上小小的一人用桌子和椅子、设计小巧的台灯和收音机、自制的柔软垫子，就形成了一个利于集中精力的空间。

3

工作室

从事时尚家居工作并给学生授课的工作室也是她每天度过时间最多的地方。为了有效地整理针织布和彩带等各种材料，使用收纳柜、玻璃瓶、鸡蛋板等物件的创意十分突出。

在空的鸡蛋板上钉上芯做成的线圈架。

1_实用性100%的布料收纳柜
放倒纵向的长收纳柜，然后整齐码放起来，有效地整理布料和辅料等物。上面部分的剩余空间里做上横向的长搁板，摆放彩带和作品，小小的展示空间就诞生了。

2_效率性和爱好兼顾的作业台
主要作业空间用粉色的椅子和缝纫机来装饰得很罗曼蒂克，再放上台灯来减轻眼睛的疲劳感。近处放上试穿用的模特，随时确认工作成果。

1 面料收纳柜是在11号街购买的。
4 书桌是feelwell(www.feelwell.co.kr)的产品。
椅子是在bloominghome(www.bloominghome.net)上购买的。
彩色灯是在南大门大都商街购买的。

3_利用玻璃瓶进行聪明收纳
体积太小容易丢失的辅料放进带木塞的玻璃瓶，并排摆在作业台上面的搁板上。不仅实用而且作为装饰小品的作用也不可忽视。

4_为学生准备的舒适作业空间
放上横向的长桌和舒适的椅子，让学生们也可以在雅静的氛围中工作。天花板上挂的彩色电灯给白色调的墙增加可爱的趣味。

1

阁楼客厅

从下层沿着楼梯上来的话，迎面一面墙壁用安静的薄荷色粉刷，另外一面墙挂上女性化的饰品，去除空荡感。角落里放上矮桌和椅子、低矮的书柜等，营造一个舒适的空间。

1_用两种颜色打造的立体感
阁楼客厅的一面墙壁用薄荷色，另外一面墙壁用白色粉刷，让空间看起来更大。这里放上亮色的矮家具，就能让立体感更充分。

2_利用狭小空间的书房
较难利用的小角落里放上梯形的书架和摇椅，把空间救活。自制的枝形吊灯模型给空间增添一份简练美。

3_装饰成咖啡厅风格的窗边
在窗边挂上淡淡的黄色窗帘，客厅里就充满了温暖的光。装上正适合窗户大小的搁板，用"Book Cafe"样字母和金属饰品来营造咖啡厅一般的氛围。

4_适合空间的矮桌
配合梯形的角落，放上了低矮的桌子和塌塌米椅子。桌子旁的画架不仅起到了装饰的作用，而且还有营造更加雅致氛围的效果。

2 3

1 枝形吊灯模型是使用11号街购买的材料做成的。
墙面的薄荷色是用dunn-Edwards的涂料粉刷的。
2 原木摇椅是Kayu(www.kayumall.com)的产品。
3 黄色窗帘和搁板是自制的。
英文字母购自sonjabee网店。
4 塌塌米椅子是bloominghome的产品。

4

The kitchen

1

厨房与客厅连接，但有台阶和吧台遮挡视线，还是给人独立的感觉。空墙面通过搁板、旗帜、字母装饰装修得很有感觉。边角空间做上收纳柜的创意也很突出。

给厨房增加趣味的小狗外形的餐具沥水架是在11号街购买的。

2
3

The kitchen

1 吧台和吧椅是在11号街购买的。
3 壁柜是Enyu的产品。

带轮子的收纳型推车是自制的。

1_用白色收拾得整齐利索的厨房
在厨房窗户上装上褶皱边的窗帘，在吊柜的外露部分摆上彩色的餐具。极简设计的吧椅也为厨房气氛的营造起到作用。

2_浪漫的旗帜和搁板装饰的墙面
墙面做上搁板，用罗曼蒂克的装饰旗帜和字母华丽地点缀。考虑到搁板位置高，所以特别选择了有曲线的锻造支架。

3_主妇的魔法收纳空间
厨房的后侧藏着专为喜爱料理的她设计的特别空间。放冰箱后剩余的空间里放上收纳柜，收纳料理书和餐具。玻璃瓶和篮子是优秀的收纳工具，同时也扮演着出众的装饰品角色。

卧室&客厅

1

卧室是夫妻两人自己的空间，以粉色为主色，用花朵小品进行装饰，让人感受到春天的华美富丽。把茶几放在中间，安放两个面对面的沙发，营造出安逸的感觉。天花板上的明亮灯饰更增添一份温暖的氛围。

1 床是在11号街购买的，窗帘和天花板的花环是自制的。
2 沙发和桌子是在11号街购买的。

1_可窥见夫妻两人甜蜜生活的卧室

挂着彩带连接在天花板灯饰上的玫瑰花环、放在床头柜旁边的郁金香花瓶、安静的印花拼接床上用品，透过它们让人感受到卧室的罗曼蒂克氛围。这是一个能给结束一天劳累的夫妇俩一个温暖拥抱的空间。

2_天花板高所以看上去更加敞亮的客厅

实际上客厅的面积并不大，但看上去不憋闷的原因在于打透的天花板。把原木桌子放在中间，安放两个面对面设计简单的沙发，让人感受到自然之美。

2

1

家庭花园映衬下的绿色空间

即便是在一般植物凋零的冬天，成金梅主妇的家里也布满了生机盎然的花草。她是一本花园种植诀窍书的作者，更是有近600万访问量的人气博客博主，她的昵称"santabella"更广为人知。她家里不仅仅是单纯的花草多，利用各处安放恰当的植物进行装饰的创意也可见一斑。

data

家庭构成	房屋结构	特点	主页
夫妻二人 女儿（10岁）	112m²(34坪公寓) 客厅、3个房间（卧室、书房、儿童房）、 厨房、2个浴室、多功能室、阳台	在这个家里，植物是最好的装饰品。家里各处养着各种花草，可以学习到绿色装修的创意。	Blog.naver.com/ santabella

2

客厅

满满当当地使用的都是接近自然的颜色，营造温暖的
感觉。期待田园风效果的木饰品和赤陶花盆中种的花
草与奶油色和米黄色协调统一。

1_阳光充足的南向客厅
豁然开朗的空间里精致地摆设着小品和花盆。沙发旁的
小空间和墙面搁板上也都放上了各种植物，给人清新感。

2_突出整洁感的白色家具
在美国松木上刷上水洗漆后衬上的嵌板装饰和普罗旺
斯风的窗户，以及白色吧凳和收纳柜就像成套的一样
协调。打开收纳柜就会发现电视机和音响等在里面隐
藏得严严实实。

3_赋予温暖感的抹灰墙面
适合营造温馨氛围的抹灰在墙面上作为点缀装饰来施工
更好。混合上象牙色的水性漆，为了尽可能做出粗糙
感，在壁纸上面顺畅地涂刷，尽可能多次薄刷是关键。

4_有壁炉的田园风光
用木材和石灰壁构成的壁炉演绎出田园氛围。壁炉上
面放上松球和干花等，与家人照片一起构成能共享回
忆的朴素风景。

朴素又亲切的鸭子套装
是 Mamaison 的产品。

2 普罗旺斯风的窗户和下面的电视
柜是在春川NAMUMOA（033-
262-8811）购买的。
4 木质壁炉是在春川NAMUMOA定
做的。

3

4

4

阳台

这是一个让观赏的人觉得惊奇的阳台，不愧为花草达人侍弄的空间。这个一年四季都能感受到春天香气的空间让打理它的人和观赏的人都会不自觉地露出微笑。

1

仿若玫瑰花的多肉植物——七福神。在不用的茶壶上钻上孔后种上，居然成了别致的装饰品。

剪开饮料瓶后染色做成的装饰物。

1 花园的装饰品大部分都是购自江南交速公路地下商街，天花板上的灯是在春川皓龙照明购买的。

2

3

1_环绕在花草中的室内庭院
从几乎高及天花板的丝兰、圆实的金冠柏等名字都叫不上来的大型植物到华丽的花卉植物，以及比手指还小的多肉植物，生机勃勃的各种花草聚集在阳台上。大花盆在后，矮小的花盆在前，之间适当地摆放花园小品，让人流连忘返。

2_给地砖增加暖意的天然材质
在地砖上放上自然的干草，叠放上大大小小的赤陶花盆来增加温暖度。长长搭下来的常春藤价格低廉，净化空气的效果出色，养起来也容易，适合初学者。

3_运用自如的梯形整理台
如果有很多小花盆，试着用下梯形整理台吧，它能在小空间里收纳层层的花盆，营造出田园的感觉。

卧室

打开门是一个异国风情的卧室,华丽的柠檬色墙面和欧洲风装饰线首先映入眼帘。铁质长椅、台灯、吊盘搭配在一起,散发着古色古香的感觉。

> 增添怀旧情绪的复古金属电风扇是在Lami(www.ilovelami.com)上购买的。

1

1 墙面是用Dunn-Edwards的W411柠檬冰激凌色粉刷而成的。
2 墙面是用Dunn-Edwards的W411橄榄油色粉刷而成的。

2

1_舒适又颇具异国风情的卧室

不敢轻易尝试的墙面色和复古设计的家具,与各种花草搭配在一起演绎出异国情调的空间。装饰线是她本人亲自做的,准确测量装饰条尺寸很重要。使用脱醋酸硅酮胶来粘贴的话,没有味道,而且能永久固定。曲线秀丽的复古铁质长椅与白色装饰线相遇,就仿佛一直在那里一样,自然、协调,给空间统一感,放上饰品或者靠垫就能打造出优雅的美丽。

2_画廊一般的舒适角落

床尾一侧放上能像隔断一样使用的CD架,营造一个异国风情的角落。一个一个的CD盒有着独特的装饰效果。

厨房

从橱柜上衬上的木板、粉刷到吧台的壁砖工程都是她亲自施工的。打磨之后粉刷，以漂亮的外形再生的santabella牌小品也在厨房的各个角落引人注目。

1

在糖果罐子上喷漆后改造成的搪瓷器皿。

1 橱柜的底柜是用Dunn-Edwards的DE5582Flower Bulb 色粉刷而成的。
餐桌上的壁砖是在Oxystone(www.oxystone.com)上购买的。
2 白色药柜是Emart "自然主义"的产品。

2

3

1_用葱翠的绿色调改造的厨房
在暗沉的胡桃木色橱柜一度发挥着独一无二存在感的这里，亲手贴上嵌板，再粉刷之后，美式风格的朴素厨房就诞生了。

2_彩色的厨房饰品令厨房生机勃勃
彩色的小品给整体上雅静的厨房增添生动感。在沙拉碗上钻了孔，所以放进花盆也没有问题，里面种上常春藤，就有了不同的感觉。

3_打造下午茶时光的花饰
给吧台旁坐享的下午茶时光增辉的华丽的花饰。花是一种仅有一朵也能左右空间氛围的存在。郁金香散发着高贵的气质，同时又有刺激食欲的效果，很适合厨房。

容易上手的家庭花园

1 绿萝
茎伸展得很长，放在高处就会漂亮地垂下来，在透光的阴凉地栽培，表层土干的时候充分浇透。

2 巴西木
如果嫌每次浇水麻烦或者不想手上沾土的话，就挑战一下无土栽培吧。迷你巴西木只要给够水就能生长，很容易栽培。

3 白掌
去除挥发性物质、食物味道、一氧化碳味道等的能力出众，不用担心病虫害。

4 金冠柏
在森林浴场分泌的植物杀菌素很丰富。一年四季都要让它多晒太阳，表层土干后，充分浇透。

5 鸭脚木
又被称作"香港椰子树"。耐干燥，耐寒冷。在透光的阴凉地栽培，表层土干后，充分浇透。

6 吊兰
有去除新家具和油漆味道的效果。根部水分多，平日保持土壤稍微干燥。

1

装修华丽的罗曼蒂克主题家

这是以罗曼蒂克风格为主题，甜美和优雅共存的朴唯娜主妇的公寓。对花饰非常感兴趣，所以家里一直都有芬芳的鲜花，瑰丽多姿。粉色调的针织品和女性化细节的小品一年四季塑造着罗曼蒂克的氛围。

data

家庭构成	房屋结构		特点	主页
夫妻二人	116m²(35 坪公寓) 客厅、3 个房间(卧室、衣帽间、小房间)、 厨房、2 个浴室、多功能室、阳台		家里满是看上去上档次，又价格低廉的宝贝一般的物品。房间内处处可见设计美观的花饰。	Blog.naver.com/ pyn1981

客厅

轻薄的粉色窗帘和花朵图案的靠垫给客厅各处带来华丽感。阳台上放下罗马帘，安放上2人用圆木桌和椅子，营造一个享受下午茶的空间。格子花纹和锻造图案贴纸让通往阳台的门有了雅致的感觉。

1_可爱的罗曼蒂克风

皮质沙发的颜色多少有一些沉重，但放上花朵图案的靠垫后，华丽感顿现。曲线抢眼的落地灯和灯罩上的花饰等也是增添罗曼蒂克氛围的要素。沙发后面墙壁上相框形状的墙贴与结婚照片恰到好处地搭配在一起。普罗旺斯风的木质搁板上面放上可爱的小品，增加些许趣味。

2_感受到甜美的布艺装饰

从长鼓状的蕾丝窗帘到女性化的粉色薄窗帘，这是一个能纵情感受到甜美的空间。在空调上罩上仿照婚纱做成的外罩，感觉更加高级。

3_特别的约会空间——阳台

在阳光充足的南向阳台放置了罗马帘和原木桌子。在这里可以享受咖啡和早午餐，到了晚上点上蜡烛，倒一杯红酒，也可以营造气氛。

1 沙发是Livart的产品。加褶靠垫是在lavender-home(www.lavender-home.co.kr)上购买的。
2 粉色窗帘和白色蕾丝窗帘是在Gmarket购买的。
3 桌子和椅子是在kayu(www.kayumall.com)上购买的。落地灯是在Gmarket购买的。

卧室

卧室里的华丽的枝形吊灯和粉色的佩斯利涡旋纹花呢床上用品一下就映入人的眼帘。家具统一为优雅的白色，没有放很多的饰品，而是布置上结婚照片，构成能感受到新婚甜蜜的装修。

1_用华丽的枝形吊灯点缀的卧室
一般用作客厅照明的枝形吊灯安放在小空间里的家庭在增多。设计华丽的枝形吊灯让浪漫的气息尽情绽放。

2_线条优雅的白色家具
罗曼蒂克风格中白色家具毫无疑问是正确选择。特别是如果选择线条优雅的家具，即使没有其他装饰，也能完成高档的装修。

3_利用结婚照片的空间演绎
没有特别的饰品，只是用大大小小的结婚照片来装饰的抽屉柜。把各种设计的相框摆放在抽屉柜上面就成为了优秀的装饰小品。抽屉柜旁边的钟表也与简单的氛围十分搭配。

4_突出花饰设计的床头柜
床头柜上面用花饰来演绎华丽的氛围。带把手的优雅底座用玫瑰绢花和长长搭下来的藤蔓植物进行装饰，香草用迷你型的绢花进行装饰，房间气氛就更上一层楼了。

设计精细的复古风格镜子兼烛台是在Gmarket购置的。

1 床是Casamia的产品，床上用品是在IRIS购买的。枝形吊灯是在Gmarket购置的。
2 梳妆台和椅子、镜子都是Casamia的产品。
3 抽屉柜是Casamia的产品。
4 床头柜购自Casamia。

2

1

厨房

从客厅看去，厨房里有带遮帘的吧台和鸟窝形状的饰品，感觉仿佛是个小咖啡厅。喜欢花的她同样用罗曼蒂克的花饰来给用餐空间增加亮点。

1_朴素的餐馆一般的厨房

用白色整理的整洁空间里有各种普罗旺斯风格小品进行点缀，令人联想到欧洲乡村里亲切的餐馆。可以写下今日菜单的直立式黑板上用花进行装饰，然后用天门冬做成生动的餐桌中央摆设。

2_方便做饭的U型厨房

安放上与橱柜高度相同的吧台，完成U型结构的厨房。桌子下面也准备了收纳空间，可以整洁地收纳各种厨房用品。在能调整长度的布帘上挂上装饰花束进行点缀。

3_奶油色的普罗旺斯风铁丝网柜

为了让白色的墙面不单调，装饰上普罗旺斯风铁丝网柜。里面摆上小巧的食器、香烛和宝石盒等可爱的饰品，让厨房的氛围温暖起来。

3

1 桌子和椅子是Casamia的产品。
餐桌台布是在oneroomdeco（www.oneroomdeco.com）上购买的。
2 淡色的邮筒是在高速公交车站地下商街购买的，遮帘购自whitehome（www.whitehomes.co.kr）。

把草帽挂在墙上
是普罗旺斯风装修中常见
的创意。

1

新怀旧主义的优雅公寓

就像落下过鹅毛大雪一样，整个都是白色的。白到让家里来的客人都会感叹"太白了"。这个白色环绕的地方就是安正熙主妇的家。
偶尔也想过用其他颜色来装饰一下，但很快就心意回转的她，完全沉迷在白色的魅力之中。几乎所有的家具和装饰品都在一个地方买入，所以很统一。

data

家庭构成	房屋结构	特点	主页
夫妻二人 2个儿子 (8岁, 4岁)	116m²(35 坪公寓) 客厅、3 个房间(卧室、儿童房、小房间)、厨房、2 个浴室、多功能室、阳台	家里用白色的新怀旧风家具和装饰品来装修。浅色点缀，构成感觉纯粹的装修。	Blog.naver.com/ opirus2379

2

客厅

大胆将白色作为主色的客厅，也摆放了几个体积大的家具，但白色让空间看上去并不那么狭窄。

有魅力的柔和蓝色香水瓶和花瓶是在shabbycoco(www.shabbycoco.com)上购买的。

1_强调纯粹的白色

墙面颜色和家具、装饰品大部分都选择了白色。优雅的枝形吊灯是空间的中心，为纯粹的白色增添华丽感。

2_感受阳光和悠闲的空间

阳光透过窗户满满地射进来。窗外能看见大熊山，大自然仿佛触手可及。柔软的沙发和小茶桌装扮出享受悠闲时光的空间。

3_异国风情的花饰

给清一色的白色房间增加亮点的花饰。饱满地插上华丽的水菊、玫瑰、百合等花卉，可以营造出异国风情。

4_用作装饰品的复古椅

房间与房间之间的狭窄空间里放上独特的装饰品，打造简单的舒适角落。金色和粉色协调搭配的复古椅子和少女图放在一起，给人可爱的感觉。

1 枝形吊灯、左侧的金属网柜、镜子、沙发上的靠垫、沙发都是在Shabbycoco(www.shabbycoco.com)上购买的。
2 客厅桌子、粉色花瓶、边桌、亚麻壁橱及上面的相框都是在Shabbycoco上购买的。
3 盛花的粉色篮子购自Shabbycoco。
4 金色沙发椅、相框、蕾丝都是在Shabbycoco上购买的。

3

4

厨房&玄关

枝形吊灯和做旧玫瑰图让厨房充满优雅感。白色和蓝色的协调搭配很突出。玄关是家的门面，前厅宽敞，阳光充足，氛围明亮。

1   3

1 桌子、藤椅和枝形吊灯购自Shabbycoco。

1_像欧洲住宅一般优雅的厨房

华丽的枝形吊灯、做旧玫瑰图和藤椅搭配在一起，营造出既纯粹又具有异国风的氛围。摆上复古餐具的餐桌就像女王的餐桌一般优雅。淡粉色的餐巾、漂亮的细瓷蛋糕架、瓷烛台等构成罗曼蒂克的餐桌摆设。

2_白色和蓝色的调和

简单的白色橱柜是让厨房看起来更宽敞的一等功臣。蓝白相间的异国风瓷砖给厨房整体增添清凉感。

3_灿烂的阳光，让人心情舒畅的
   玄关前厅

家里有一个相当宽敞的玄关前厅，很适合活用空间。安放了可以舒适地坐下穿鞋的长椅型沙发，窗户上垂下卷帘，让隐隐的光线更加突出。放上盛开的水菊增添一份雅致，是装饰的亮点。

1

卧室&小房间

卧室用简洁的白色和华丽的粉色搭配，激起人对于春天的渴盼。小房间则让人感受到完全超越时代的古典魅力，可爱的粉色小品增添罗曼蒂克氛围。

有精巧的蕾丝和褶皱的粉色靠枕购买自shabbycoco。

1_春日芬芳弥漫的贵妇人卧室

蕾丝装点的高级床品和精心描绘花瓣的台灯就像天生一对，十分搭配。只放最少的家具，给空间留下余白。床侧放了一个多屉迷你写字台。在上面放上可爱的饰品就能强调罗曼蒂克的感觉。成为亮点的金色新怀旧风桌子很适合享受一杯茶的清晨时光。

2_感受少女情怀的空间

令人联想到欧洲某个贵妇人的书房的小房间，体现着女人永远想做少女的心思。越是忧郁的日子就越渴望粉色，在她的房间里，粉色小品比其他任何地方都多，仿佛世界上的全部可爱商品都聚集在了这里，每一件都吸引着人的视线。

1 有精致的蕾丝和褶皱边的靠垫是在Shabbycoco上购买的。
2 桌子、椅子、穆拉诺镜子、羽毛花环都是在Shabbycoco上购买的。

2

儿童房

儿童房的主色是让眼睛清凉的粉蓝色。在学习房和游戏房之间做了一个优雅的拱形入口，挂上轻飘飘的窗帘，轻松地把空间区分开。

东方风格的纸灯笼是在Shabbycoco购买的。

1 桌子、椅子、边桌都是在Shabbycoco上购买的。
2 做旧玫瑰画框和沙发是在Shabbycoco上购买的。

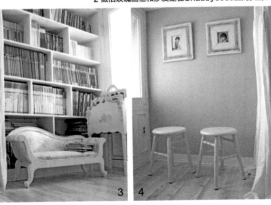

1_让孩子的梦想茁壮成长的房间

由粉蓝色和白色家具华丽装饰成的孩子自己的空间。围上装饰线，上面放上"DREAM"字母，书桌上面挂着可以记下信息的板子。

2_改变固有观念的罗曼蒂克物品

不会因为是男孩子房间，所以就只能有汽车、机器人一类的饰品。孩子和妈妈的喜好协调后，有诚的房间里自然布置了家里到处可见的做旧玫瑰图和优雅的褶皱边靠垫。

3_地台上的边角空间

利用木工工程做出地台后获得的空间。一面墙壁放上书架，地台下面的空间做成抽屉，再放上迷你沙发，让孩子舒适地进行阅读。

4_突出清雅感的角落

挂上孩子照片后的书架对面墙壁就像个小小的画廊。再并排放上配合相框颜色的高脚凳，一个有表情的空间就完成了。

装修儿童房的特别家具店

Pastel Kiz

店里环保材质和浅色调的漂亮家具比比皆是。不但考虑视觉上的要素，也是照顾安全和实用性的设计。从新生儿开始到上学前都能使用的儿童床是最有人气的商品。
电话：02-516-3387
www.pastelkiz.co.kr

Vankids

是在环境标准要求严格的欧洲和日本获得认证的环保家具专业品牌。家具采用高温下多次烘烤的粉末喷涂技术，经久耐用。
电话：02-34444-5706
www.vankids.co.kr

Eggstar Kids

使用不用聚氨酯涂料的原木和天然染色剂。可以用电脑模拟演示出父母需要的设计后再制作。
电话：02-334-0385
www.eggstar-shop.com

Gagaa画廊

可爱的装饰小品和欧洲复古风的家具赏心悦目。可以在产品上刻上孩子的姓名或者名字首字母，因此能够做成专为孩子的特别装修。
电话：02-3442-0406
www.gagaa.com

Casamia Kids

最大众的儿童家具品牌，可以建议适合整体主题的款式，用合理的价格买到适合家庭氛围的家具。
电话：02-516-9408

Capletti

可以在这里买到欧洲最好的儿童家具品牌"De Breuyn"和"Lifetime"。De Breuyn产品的表面装饰用的都是环保的天然材料，而Lifetime以感性的设计为特征，吸引人的视线。充满的都是将孩子房间装修成异国氛围时最适合的商品。
电话：02-3446-5110
www.capletti.co.kr

尽情展示个人取向的空间演绎

40

坪及以上

　　40坪及以上的房子除去生活必需的空间还会有面积上的剩余，所以很适合装修成想要的风格。从老套的装修中摆脱出来，尽情展示家庭成员的喜好吧！

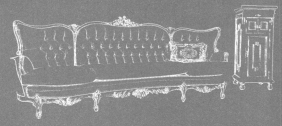

1

与自然融合的令人愉悦的独立住宅

出版了关于妈妈自制玩具的书，还经营着一家手工玩具购物店（www.mam-astoy.co.kr）的郑珍姬主妇希望孩子能够在自然当中蹦跳玩要着成长，所以将家搬到了乡村住宅。没有鲜亮的颜色或者华丽的装饰，但妈妈亲手做的家具、玩具和饰品让人的视线久久不能移开。

data

家庭构成	房屋结构	特点	主页
夫妻二人 儿子（5岁）	195m²(59坪复式独立住宅） 客厅、4个房间（卧室、儿童房、客房、工作室）、厨房、2个浴室、多功能室、地下室	能感受到自然的朴素的复式结构乡村住宅，自制的独特的玩具在家里各处扮演着装修小品的角色。	Blog.naver.com/seeart_

客厅

温暖感觉的木地板、养老金酒店中可见的壁炉、和煦的阳光照射进来的通窗，甚至庭院，充满着只有乡村住宅中才能享受到的愉悦。亲手画的画和讨人喜欢的小品构成小画廊一般的空间。

作为玩具和装饰都是100%人气的羊外形滑板车是在日本买的。

1 红色的儿童埃姆斯椅是在ha1art（www.ha1art.co.kr）上购买的。原木长椅是在工坊买的，台灯是kiss-myhaus（www.kissmyhaus.com）的产品。
3 白色靠垫罩和手织沙发垫是娘家妈妈做的。

3

1_能感受到阳光的安逸空间
壁炉前面放上沙发和桌子，把舒适感最大化，沙发旁放上印第安帐篷，打造孩子自己的根据地。剩余的空间空下来让孩子尽情地玩耍。

2_椅子和画装饰出的迷你画廊
只放在那里就能将空白的墙面装饰得像画廊一般，品位出众。红色椅子搭配上娘家妈妈做的手织杯垫，也像展示品一样。小长椅上搁上书和台灯，再搭配几个相框，迷你画廊就打造完成了。

3_感受到暖意的精致手织品
沙发上搭配了能感受到制作者诚意的手织品，氛围舒适。温暖而令人愉悦的古旧风织品和四弦琴散发着自然的气息。

4

复古的木滑板车是kissmyhaus(www.kissmy-haus.com)的产品。

5

4 音响是TEAC的产品。
5 红色复古钟表是kissmyhaus的产品。

客厅

利用可爱又漂亮的饰品在壁炉旁打造了一个小书房。玄关附近的白色墙面上做上自制的搁板，适当放上小巧的装饰。

4_壁炉旁的异国迷你书房
壁炉旁剩余的空间利用木长椅装饰出一个迷你书房，舒服的音响、复古的电话机、简单的台灯等，这是一个面积虽小但五脏俱全的正经八百的书房。艳红色的罗马帘既古典又颇具异国风情。

5_玄关前搁板上摆设的可爱小品
白色墙壁与任何家具和饰品都能搭配。玄关前的空墙面上做上搁板，贴上木条，悬挂钥匙和小饰品等。搁板右侧挂上复古的挂钟，贴上自己拍摄的布莱斯娃娃照片，增添小趣味。

走廊

走廊这样的地方放上自制的饰品和花草，就蜕变成了一个特别的空间。上层汇集了妈妈亲手制作的木房子和游戏套装等，方便多种利用的黑板装饰着空白墙面。

像实物一样精致的过家家玩具是在日本购买的。

1_把自然搬进家的边角空间

复古的木质搁板上面放置上各种各样的多肉植物和花园小品，装饰成庭院，走廊变得生机勃勃。搁板上面放小花盆，下面是整理好的花园用品。透过大窗户射进来的阳光让花草得以茂盛生长。

2 大黑板是在romantic-board（www.romantic-board.com）上购买的。
3 木头房子和厨房游戏玩具都是自制的。

2_装饰空墙面的大黑板

客房和卫生间之间的空白墙面上挂上大磁铁黑板进行装饰。不但能当作墙面装饰品，而且适合和孩子一起度过学习时光。

3_饱含母爱的别致木房子

儿童房前面的空间用木板做成别致的迷你房子。四壁开有窗户，里面铺上毯子，尽可能营造出安乐的感觉，门用彩色玻璃进行装饰。孩子经常透过窗户叫楼下的妈妈。

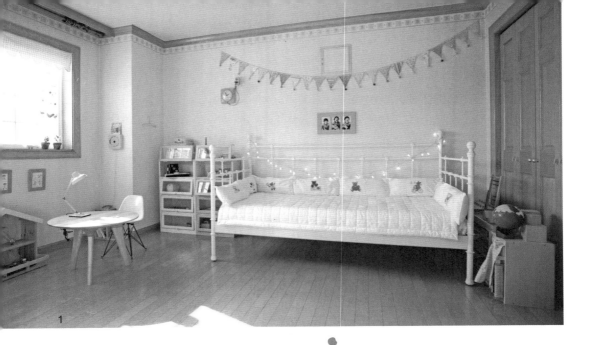

1

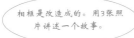

相框是改造成的。用3张照片讲述一个故事。

1 床是宜家的产品，串灯购自Casamia。床上用品为自制品。

2 3

儿童房

使用给孩子安全感的柔和浅色，同时混搭各种颜色来帮助孩子开发情商。阳光容易进来的地方放上桌子，再添上一个台灯，打造一个适合集中精力的好环境。

1_打破固有观念的颜色使用
没有循规蹈矩地使用男孩子房间里常用的蓝色，而是混搭了各种协调的颜色。床上面挂上五颜六色的旗帜给墙面增加活力。

2_有风铃的窗边风景
立体的风铃视觉效果极佳。五彩的鸟风铃让空间看上去更丰富。有树的窗外风景和窗台上的迷你多肉植物浑然一体，营造一个赏心悦目的画面。

3_温暖感觉的床上设计
铁质床虽然漂亮，但缺点是看上去冰冷。床四周围上保险靠垫，装饰上营造淡淡氛围的小灯泡，让孩子体会到安全感。

用木材边角料自制的孩子
房间木牌，插画字母购自sonjabee
（www.sonjabee.com）。

4_提高注意力的桌面摆设

在阳光充足的窗边放上一个桌子，打开台灯后孩子的注意力更加集中。贴合腰部曲线的白色椅子给人舒适的感觉，同时与桌子也很搭配。

5_易于自己整理的开关门收纳柜

为了让孩子自己整理玩具，制作了适合孩子身高的收纳柜。开关门让收纳更简便，通过透明窗可以很容易地确认里面的东西。

6_明信片做成的相框装饰

窗户下面的墙面挂上了与窗框同色的木头做成的相框，把尺寸做小，然后并排放上几个，就打造出了一个整洁的空间。

4 桌子是自制的，椅子是在Ha1art上购买的。台灯是Tensor的产品。
5 收纳柜、鸭子玩具、长颈鹿套圈玩具都是自制的。

1

小巧的迷你缝纫机
是kissmyhaus的产品。

2

1 桌子是在树木之间（www.treentree.com）上购买的。
3 梯子和墙面搁板都是自制的。

3

工作室

这是进行整理创意、画画、制作针织品等各种工作的工作室。正因如此，把它装修成了最舒适也最能集中注意力的氛围。

1_创意泉涌的雅致工作室

比其他任何地方都要朴素又亲切的她的独有空间。在能接触到新鲜空气的大窗旁边放上简单的书桌和椅子，用吊灯来提高注意力。空出桌子旁边的大片空间，这样在做占据大片空间的工作时也没有负担。彩色铅笔等作业工具盛在马克杯里，再放在窗台上，像足了饰品。

2_可以用作留言板的玻璃窗

宽大的玻璃窗正适合用作便条板，贴上发票、名片等。贴放得不规则的便条等让工作室的艺术气息更浓。

3_利用梯子和搁板的朴素装饰

把很容易做出的梯子靠在一面墙上就能成为优秀的装饰品。与梯子颜色相似的搁板上展示着用旧了的小物品。

厨房

长型的厨房分作两个空间使用。光线充足的明亮一侧是用餐空间，光线稍微不足的一侧用作料理空间。用餐空间里放上古典的餐边柜和葱郁的绿色植物来营造暖融融的氛围。

给厨房带来活力的维他命色珐琅黄油锅是在queenzday(www.queenzday.co.kr)购买的。

1_阳光沐浴的用餐空间
一边尽情享受透过通窗照射进来的阳光，一边享受美食的空间。在古典的餐边柜、桌子、暗色的吧台可能带来沉闷感的空间里，让巨大的盆栽垂枝榕、枝形吊灯和桌腿油漆色带来变化。

2_自制的整洁开放式橱柜
在工坊抽空学来的手艺让她能够打制出一般的家具。能够收纳红酒和餐具的开放式橱柜也是亲手做的，唤起厨房的活力。

3_利用剩余食材做的餐桌摆饰
做饭剩下来的萝卜、胡萝卜、洋葱等的蔬菜根蒂就能够成为优秀的餐桌摆饰材料。发芽的绿色根蒂不仅给餐桌，也给整个厨房增添了生机，还可以当作孩子的体验学习，真的是一举两得。

1 复古餐边柜和桌子是在非品牌家具店购买的。

2　3

1

欧洲风设计增添优雅感的家

李志娟主妇的家安静得让人无法想象家里还有一对正值青春期的双胞胎兄弟。通往阁楼的楼梯充满异国风情的客厅、欧洲风的卧室和厨房、每个季节都用自制的床上用品更换容颜的孩子房间，这里介绍的就是古典美和现代感和谐交融的复式公寓。

data

家庭构成	房屋结构	特点	主页
夫妻二人 两个儿子 （16岁）	142m²(43坪复式公寓） 客厅、5个房间（卧室、2个儿童房、工作室、阁楼）、厨房、2个浴室、多功能室	萦绕着既古典又平和氛围的装修是能感受到岁月的痕迹和暖意的空间。	Blog.naver.com/ minsma

客厅

用乳白色进行基本装修后，放上设计古典的家具，演绎温暖又感性的氛围。

可以在客厅和厨房两面来看的壁钟是在cckmall（www.cckmall.com）购买的。

1_感觉明亮又温暖的白色客厅
白色令空间明亮又开阔，另一方面也有给人生硬和冰冷感觉的缺点。虽然主要使用了白色，但在让人感觉温暖又舒适的元素中，米色壁纸和自然的木台阶作用很大。

2_有白桦树的窗边
为了100%反映个人喜好，特意选择了年代久远的房子。扩建后设置了木门的阳台是最让人费神的部分。布置上餐桌、椅子和作为礼物收到的白桦树，增添温暖感。

3_自制的沙发罩和靠垫
家里的布艺品大部分是她亲手做的，手艺出色，甚至博客上收到了制作订单。新怀旧风面料做成的沙发罩和各种设计的靠垫都是她的作品。

4_灵活利用边角空间
通往二楼的台阶下边角空间里放上婆婆用过的缝纫机，摆放上承载着家人回忆的物品。

1 白色桌子是Michellvon的产品。沙发和靠垫罩是用在chunland(www.chunland.co.kr)购买的面料制作的。
2 桌椅是Casamia的产品。
增添韵致的桦树是收到的礼物。

客厅

既优雅又与周边和谐统一的装饰壁纸和复古家具给客厅增加了高级的美。搭配上复古小品，演绎出古典的氛围。

为了搭配各种布艺品，亲手制作的兔子玩偶。

5 扶手椅是巴洛克家具的产品，椅罩是自制的，靠垫也是自制的。
6 白色椅子是在cocogallery (www.cocogallery.kr)上购买的。餐边柜是Michellvon的产品。
7 烛台是将奥特莱斯烛台油漆后做成的。

5_适合转换气氛的装饰壁纸
卧室和工作室之间的空间，亲自贴上装饰壁纸来转换氛围。为了防止很快厌倦，要选择与周围壁纸能搭配的。壁纸用的是Daedong壁纸的沙土黄型号，淡淡的珠光和锦缎图案散发着简练之美。

6_复古镜让餐边柜变得更加高级
白色餐边柜上靠放上复古的方框镜子，就有了更加高级的味道。

7_粉色和白色小品的搭配
用粉色油漆粉刷的装饰小品虽然颜色和外形很多样，但搭配得很协调。

8_强调收纳的现代风格玄关
足以把家人的鞋子全部整理进去的宽大的白色收纳柜、壁砖装饰的墙面、有着显眼的简练把手的屏门把玄关装饰得很现代。设计优雅的壁灯给空间增添气氛。

厨房

装修厨房的时候考虑的问题是"厨房是另一个客厅"。为了能和孩子们共度所有的时光，从餐桌开始选择了又大又结实的家具。

1_感觉古朴的厨房
淡淡的花朵图案进口壁纸和复古照明展示出古典特有的美，无论过多久也不厌倦。

2_陈列植物图案餐具的餐边柜
把Portmeirion植物花园的餐具美观地摆放后的餐边柜是厨房的异国风情制造者。质地良好的木材和有深度的颜色自是不用说，连把手和钥匙孔都是花心思的细节。

3_整洁的瓷砖装饰
厨房是开放的空间，又是很多物品汇集的地方，所以维持整洁是最重要的。厨房窗户的百叶窗、淡蓝色流转的瓷砖还有整洁的餐具完成普罗旺斯风厨房的装修。

1 餐桌套装和餐边柜是在Cocogallery上购买的。
4 复古招牌是在Lotte上购买的。茶壶套装是Portmeirion 的产品。

4_墙板装饰墙传达的余裕
空间的一面墙贴上自然的奶油色的墙板，做成装饰墙。墙板装饰空间的一面墙比装饰整体空间的效果更好。

卧室&工作室

灰蓝色的墙壁、彩带枝形吊灯和复古风格的家具营造出罗曼蒂克的氛围。工作室主要是她制作布艺品的空间，整洁地整理好了各种辅料和缝纫机。

给家具增添亮点的把手！
在son jabee网店（www.sonjabee.com）
等DIY购物店里都能买到。

1 房间里的所有布艺品都是自制的。
床和梳妆台是在Baroque家具购买的。
3 窗帘是自制的。操作台是Casamia的产品。

1_漂亮的欧洲风卧室
欧洲风家具、多层的床围，羊毛感面料做成的毯子、蓝灰色的墙壁浑然一体，演绎出古色古香的卧室氛围。

2_装扮出温馨感的布艺品
装扮出温暖空间最简单的办法就是换布艺品。每个季节都用不同的窗帘和床上用品来转换气氛。衍缝料子的窗帘提高室内的温度，同时与白色的壁橱也很搭配。

3_整洁感萦绕的工作室
在小空间里放进太多收纳家具就会让空间感觉很呆板。粉色窗帘有精致的蕾丝细节，增加华丽感。

1

孩子房间

双胞胎儿子共同使用卧室和学习间。为了喜欢音乐的兄弟俩把阁楼装饰成了演奏乐器和享受业余生活的空间。

1_兄弟情深的双胞胎兄弟的卧室

就像长相相同的两兄弟一样，卧室里同样的床、床上用品，甚至连玩具熊都各有两个。虽然是除掉其他装饰后简单的装修，但围上装饰条后粉刷成两种颜色的墙面让房间并不单调。

2_反映兄弟俩爱好的阁楼

苦恼很久究竟用作什么用途的阁楼装饰成了学习音乐的孩子们的空间。不用担心对邻居造成影响，对于弹奏多种乐器的兄弟俩来说，这是无比珍贵的空间。

床是Casamia的产品，窗帘和床上用品是自制的。

2

1

精致的法式风格，充满魅力的家

黄志英主妇结婚后从釜山搬家到首尔，才开始了实质性的家装。住在没有什么人情往来的社区，再加上丈夫下班晚，所以一个人的时间就自然沉浸在了装修工作中。那段时间装修实力迅速提高，甚至在杂志上做连载，还在文化中心讲课。最近沉迷于可以安静地坐着进行的刺绣。

data

家庭构成	房屋结构	特点	主页
夫妻二人 女儿（10岁） 儿子（6岁）	149m²（45坪公寓） 客厅、4个房间（卧室、儿童房、书房、衣帽间）、厨房、2个浴室、多功能室、阳台	能够看见就像她的博客昵称"french stitch"一样精致而女性化的装修。每一样改造的家具和小品都同样高级。	Blog.nacer.com/02lady

客厅

客厅里温和的绿色丝绒沙发，与之相配的绿色遮光窗帘、毛毯等温暖感的布艺品让人觉得温馨，又处处充满着怀旧的情绪。

把在Ebay购买的烛台在梨泰院连上电线做成台灯。

1_丝绒和毛搭配的温暖客厅
温和的绿色让沙发散发着高档的感觉，丝绒材质也演绎着特有的古典气质，再加上白色毛毯就能强调温暖的气息。

2_空间再构成的创意
如果有新奇的创意，就不要受固定空间的局限，大胆进行尝试吧。客厅的大窗就那么空着有些可惜，所以在中间立一个屏壁，放上线条优雅的桌子，读书或者写信都可以。

1 沙发是在非品牌家具店购买的。
靠垫和毛毯是自制的。
茶几是改造过的二手物品。
埃菲尔铁塔模型是在高速长途站购买的。
2 椅子是改造过的旧物。窗帘是用在texworld(www.texworld.co.kr)上购买的面料自制的。
4 复古的钟表是在高速长途站购买的。
蓝色画是在法国巴黎购买的。

3_手工的朴素魅力
因为大部分的空余时间都在做手工，所以有很多能感受到女主人手艺的物品。用姓名首字母皮标签做成的名签、刺绣的日记套、有埃菲尔铁塔图案的纸签都是亲手做的。

4_自然搭配的画和小品
尺寸大的画作轻轻倚靠在墙上就有了舒适的感觉。将复古的小品搭配现代气息的画作，给空间趣味感。

旧的手摇铃实际上是卖豆腐的商人用过的东西，在Auction购买的。

在收藏者中人气很旺的亚历山大女式娃娃。

5 装饰壁纸是Dae-dong壁纸的产品。东方风格的装饰柜是用空间箱改造的。
6 哥本哈根盘子是在Ebay购买的。烛台是在东大门风物市场购买的。
7台灯是Kissmyhaus (www.kissmyhaus.com)的产品。
8圆形边桌是在斗山OTTO购买的。电话机购自potterybarn (www.potterybarn.com)。

5_禅意风格的角落

在柔和的浅色系使用较多的她的家里，这是唯一给予强烈点缀的空间。华丽图案的织物壁纸和贴了韩纸的装饰柜有着别样的风情。

6_利用结婚相框做成的画廊墙

立柜上面挂上空相框，摆设上装饰盘。相框是从结婚相框上除去照片后，贴上壁纸做成的。立柜上的复古盒子是在纸盒子上贴上复古的包装纸做成的。

7_缓和气氛的间接照明

用一盏小台灯的灯光突出珊瑚石马赛克艺术墙。女性化的布艺笔记本是自己改造的。

8_增添怀旧情感的钢琴

听着女儿演奏的钢琴声沉浸在幸福中的她。客厅正中间放的钢琴是用在改造主题的手记征文中当选获得的奖金购置的。

8

在网上二手市场低价购买的落地灯上挂上自制的女儿的周岁礼服裙子，使其保持平衡。
摆放餐具的装饰柜是她的第一件改造作品，是用机械表改造而成的。

用Cath kidston的餐巾
改造成的盒子，适合保管
琐碎的小物品。

1 床上用品是自制的，长椅是llivart的产品。窗帘是用在tex-word购买的面料做成的，左边的收纳柜是Casamia的产品。
2 礼服裙模样的墙贴是在sticon(www.sticon.co.kr)上购买的。

卧室

对黄志英主妇来说，卧室是收集并展示喜爱的物品的空间。不知道是不是因为这个原因，这里比其他任何地方都能更彻底地展示她的爱好。

1_欧式家具和小品协调搭配的卧室
藤制床头大气漂亮的床、罗曼蒂克的床上用品和装饰品演绎出突出古典美的卧室。床是把新婚时购置的床换掉床头做成的。藤制床头在forhome(www.forhome.co.kr)上有售。

2_利用墙贴的衣架
把墙贴贴在再利用板材上，做成衣架。适合设计搭配第二天要穿的衣服。

4
3

3_可爱有趣的饰品展览

展示她的眼光的空间。虽然素材、设计和种类都多种多样，但把风格相似的东西聚集在一起就变成了丰富的展览会。

4_承载回忆的角落

把高脚凳用作床旁的边桌，结婚照片冲洗后放进浪漫的相框，再放在边桌上面。尺寸小得必须仔细看才能看清楚，所以越发有了珍贵感。

5_兼做床头柜的杂志架

为了整洁地收纳，需要使用的小家具。台面够宽的杂志架是能当作床头柜来用的多用途物品。

6_利用镜子装饰墙面

如果是为了安全空出了床头上面空间的话，现在就来考虑下应该挂上什么饰品吧。在床头墙面上挂上镜子，就既有了空间感又能增添简练美。

3 收纳柜把手上的粉色瓷鞋子、装饰盘、杯子和茶碟都是在Ebay购买的。

5 Effanbee 在各大在线复古购物店里都买得到。

6 枝形吊灯是lampland（www.lampland.co.kr)的产品。
威尼斯镜子是在ashley(www.ashley-home.com)上购买的。

5

6

1 蓝色墙面是本杰明摩尔涂料的瑞士蓝815号色粉刷的。
左侧床是用再利用品改造而成的，右侧床是 Francia 的产品。
月亮型壁灯是宜家的产品。泰迪熊相框是在Ebay购买的。
床上用品是在the grace（blog.naver.com/gracekim1219）上
购买的。

儿童房&厨房

两个孩子一起使用的儿童房是以安静的蓝色系为基础，用彩色的小品来增添趣味。木材和亚麻搭配的自然的厨房萦绕着舒适感。

1_用小品赋予趣味的蓝色系儿童房

家具或者小品对称来布局就能演绎出整齐又有趣的空间。两个孩子同时用的房间是粉刷为蓝色后，用有色彩感的小品进行点缀的。并排放上虽非同样外形但是氛围相似的床，分别对应挂上适合女孩子和男孩子的饰品。

2_用可爱的餐具来装扮的厨房

与华丽的枝形吊灯形成对比的自然系的餐桌布、抢眼的圆点图案餐具垫，还有带木把手的刀叉装扮出平和的餐桌风景。

阳台

长方形的阳台一边做上地台让孩子们可以尽情玩耍，另外一边放上餐桌和安乐椅，装饰成休息的空间。

复古图案的面料上做上串珠完成的靠垫。

2

1

1 墙面的刺绣窗帘是在网上二手市场购买的。
椅子是用捡来的弃物改造而成的。
3 围裙和标牌是自制的，花朵图案的织物是cathkidston的产品。
搁板上方的灯饰是用蜡烛灯改造的。

3

1_人人垂涎的阳台咖啡厅
没有做阳台扩建工程，而是放上家具，提高阳台的利用率。放上圆形餐桌和安乐椅，阳光好的日子，坐在这里刺绣或者读书。

2_一针一针，慢的美学
一般的家具和饰品都能顷刻间做好的她最近埋头于法国刺绣。完成一幅作品需要很长时间，但一针一针刺绣的过程像极了她所希望的生活。材料的体积不大，所以随时可以坐着来绣，这也是刺绣的魅力之一。

3_地台装扮休息空间
在有墙板的阳台一边有一个地台上的游戏兼休息空间。就像韩屋的地板一样，在炎热的夏天更加增色。地台是用书架放倒做成的，所以打开地板盖子还可以进行收纳。

1

洋溢古典情怀的奢华大房

金恩淑主妇的家到处都能感受到古色古香的氛围，高级酒店氛围的鹅毛床上用品和复古风家具和谐搭配在一起。现代和古典混搭的客厅就像中世纪欧洲的城堡一样华丽耀眼。红色和蓝色装扮的儿童房风趣又活泼。

data

家庭构成	房屋结构	特点	主页
夫妻二人 女儿（17岁） 儿子（11岁）	156m²(47坪公寓) 客厅、4个房间（卧室、2个儿童房、休息厅）厨房、2个浴室、多功能室、阳台	以白色为主色，只布置最少量的家具，力求豁然开朗的感觉。光滑的地板和复古的家具强调一种简洁美和节制美。	Blog.naver.com/ gracekim1219

2

精致感出色的玮致活
（wedgwood）的JASPER系列
茶壶是在Ebay购买的。

客厅

就像在白色的画布上用最少的颜色画出的画一样，阐述洗练的余白之美的客厅。把不必要的东西都藏起来，只使用节制的颜色，强调无限的空间之美。

1_同阳光玩耍的客厅
在自然光充足的窗侧挂上枝形吊灯，安放上蓝色椅罩的复古情侣椅，打造一个只属于夫妻两人的温馨下午茶空间。

2_洗练的墙面和家具的演出秀
有眼光的她选择的家具是只凭线条就能给人高档感的复古款。虽然为了留出余白，只安放了最少的家具，但每一件家具的设计都反而更突出。墙面上的墙板和地面上的玻化砖也将古色古香的美原样传达。

3_盛载深意细致装饰的玄关
一打开玄关门就能看见的墙面上用家人的洗礼名和当作家训的圣经句子进行了细致装饰。字体漂亮的字母和两侧挂着的壁灯弥漫着异国感觉。

1 蓝色沙发是在梨泰院古董店购买后，在忠南装饰（www.cndeco.co.kr）重新换的椅面。边桌是 Prince antique的产品。
沙发右侧的留声机是在Alley antique（02-796-0061）购买的。
天花板的两个枝形吊灯是在chambre antique(02-796-0061)购买的。
桌子和情侣椅是在kings antique购买的。
2 落地灯是Maple Antique（02-796-0565）的产品。
玮致活黑檀柜是在Alley antique购买的。法国进口装饰壁纸是在rangsarang(www.rangsarang.co.kr)上购买的。
3 壁灯是Maple Antique的产品。

3

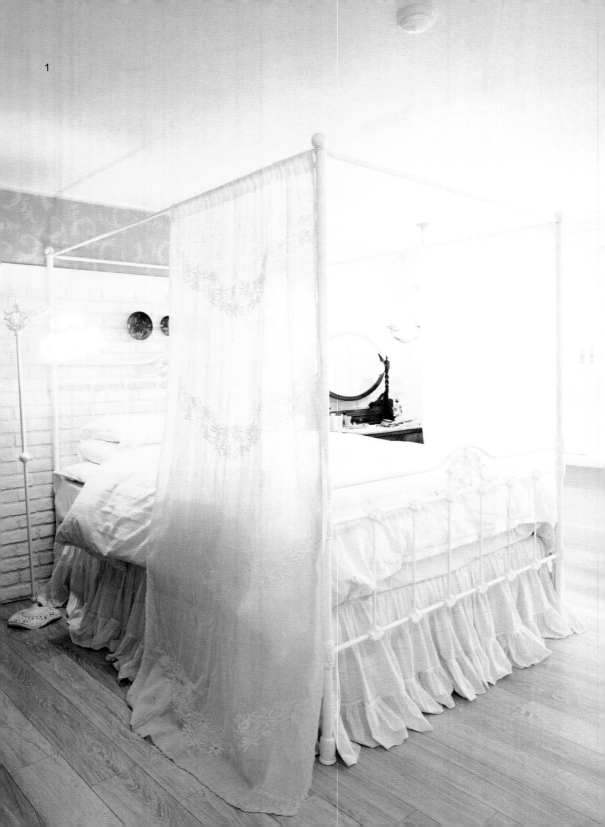

卧室

像法国宫殿一般的卧室装修优雅，是洛可可风格。壁柜和窗框都统一为白色系。为了避免单调感，床头墙面用壁砖和蓝色壁纸进行点缀。

2

用女性化的小品来装饰的挂衣架。

1 落地灯是在梨泰院古董店购买的。床围是在Jenastyle(www.jen-astyle.com)上购买的。鹅毛床上用品是the pl-ace (blog.naver.com/gracekim1219)的产品。
2 梳妆台是在梨泰院古董店购买的。

1_用白色演绎的罗曼蒂克床品

白色的床上垂下随风轻拂的蕾丝窗纱帘，搭配上柔软感觉的床上用品，卧室被少女情怀环绕。为了避免白色的单调感，在床头一侧墙面上贴上了壁砖。墙上挂的蓝色系复古装饰盘也展示着与众不同的美。

2_洛可可风的复古梳妆台和枝形吊灯

令人联想到18世纪女王梳妆台的梳妆台不但外形出众，收纳空间也相当充足，十分实用。梳妆台一侧天花板上做上枝形吊灯，增添古味。

3_壁柜和迷你长椅的相遇

在壁柜的正中间空出空间，打造一个温馨的，可以短暂休息的室内长椅。放上大大小小的靠垫让空间温暖柔和。

3

2

1

増添优雅感的枝形
吊灯是在Maple Antique
购买的。

1 餐桌和椅子是在Maple Antique购买的。
3 植物图案餐具是portmeirion的产品。
相框是在Maple Antique购买的。
4 装饰柜是在Maple Antique购买的。

3

4

厨房

料理空间做高一槛，在做饭的时候可以轻易与家人沟通是最大的特点。水槽上方的窗户可以开关，在洗碗的时候能够看见外面的风景。

1_利用墙面镜感受复视效果
厨房仍旧用简单的白色做基色，搭配上复古的家具。墙面上挂上横向的长镜子，让空间看上去更宽敞。绞绳状的镜框无比精致。

2_强调高效率动线的橱柜布局
通过改造把原有的橱柜变为"人"字型，于是料理台和洗涤台变得更近，动线更有效率。能时刻感到季节变化的厨房窗户用薄板增加温暖度。

3_用作饰品的餐具
整理得就像品牌店铺一样的厨房角落。比起爱惜地保管起来，餐具还是在使用的时候更出彩，这是她的哲学。

4_充分利用死角的迷你家具
在料理空间和厨房收纳柜之间安放上一个大小正合适的边柜。适当地遮住不美观的插座，保持与客厅的统一感。

休息室

安置上柔软的沙发、板正的桌子和深色的百叶窗，这是一个受家人欢迎的空间。色彩鲜明度低的家具虽然只是单色，但复古的小品让这里丝毫不感觉单调。

欧洲风景装饰盘是RoyalCopenhagen 的产品。

1 灯具是在论岘洞照明商街购买的。桌子是在非品牌家具店定做的。电视机旁边的椅子是在Harrods Antique购买后在忠南装饰翻新的。
2 中央的扶手椅、吊灯、维多利亚风的缝纫台都是Maple Antique的产品。
3 水晶铃铛是在网上二手市场购买的，电话机是在pottery-barn(www.potterybarn.com)上购买的。

1_全家人都喜欢的休息空间
客厅虽然优雅，但多少有一点矫饰感，所以将休息室装修成了最舒适的感觉。和心爱的家人一起，所以更加快乐的空间。

2_复古风味留存的休息室
一进入休息室就能看见有线条感的扶手椅和复古的餐边柜，还有暖色的照明演绎出的氛围柔和的空间。

3_沾染时光痕迹的复古饰品设计
休息室里超越时空感的复古小品格外多。刺绣朴素的垫子、水晶铃铛、稳重的复古电话激起人们对旧物的思念。

1 墙壁是在单色DID壁纸上画上壁画。
所有的家具都是在非品牌家具店里定做的。
4 长椅是在原有的家具基础上改造的。立式钟表是Casamia的产品。

儿童房1

反映各自爱好同时又有着微妙的统一感的儿童房。房门上开的圆形潜望镜窗户很有意思。

1_清新的红白色搭配
把家里的主色——白色和大女儿喜欢的红色混搭起来。靠窗的宽阔墙面上画有城市风景的壁画，演绎出洗练的氛围。

2_诙谐有趣的圆形窗
在儿童房的房门上都做了圆形的窗户，装上玻璃。通过窗户往里看就有了仿佛乘上潜水艇一样的神秘感觉。

3_用回忆来装饰的搁板
书桌上面墙壁上固定的横向长搁板用可爱的瓷器娃娃和包含回忆的照片来装饰，仅看着就能沉浸在幸福当中。

4_活泼的长椅
床对面放置一个活泼的红色长椅，打造一个休息的空间，长椅旁边的钟表也带来些微的趣味。

儿童房2

小儿子的房间混搭了清爽的蓝色和自然的原木色，营造一个适合集中注意力的良好环境。通往阳台的门换成卷帘门，灵活利用空间。

1_蓝色和木质材料打造的舒适感

小儿子的房间里，墙面和地板自是不用说，连家具也保持着木材的自然感觉。用原木材质来掩盖蓝色带来的冰凉感，让房间舒适无比。

2_实用的边桌

带抽屉的边桌适合收纳卧室的杂物或者摆放装饰小品。

3_岁月越流逝越蕴含温暖的家具

虽然粗糙但大气的原木家具久用也不会厌倦，而且越用价值越高。为了让孩子不受空间制约，选择了宽绰的两人用书桌。

4_反映孩子爱好的搁板

与大女儿房间形成对比的蓝色搁板是展示孩子喜欢的物品的空间。淡淡的条纹壁纸令收集品更加突出。

有着不规则之美的钟表是Casamia的产品。

1 床和边桌是在非品牌家具店定做的。
2 瓷器娃娃是在Ebay上购买的。
3 书桌和书架都是在非品牌家具店定做的。
条纹壁纸是DID的产品。
4 台灯是论岘洞照明商街购买的。

1

阳光灿烂的地中海风乡村住宅

阳光满满的室内、能够尽情踩踏泥土的院子和享受悠闲时光的露台。经营一家装修店（www.sheday.kr)的张贞旭主妇的家人生活在所有人都曾梦想过的乡村住宅里。最享受这里的生活的人应该就是他们5岁的儿子道海了。每天在院子里和小狗一起蹦跳，和泥土一起游戏，晒黑的模样看上去生龙活虎的。

data

家庭构成	房屋结构	特点	主页
夫妻二人 儿子（5岁）	179m²(54坪独立住宅）客厅、4个房间、儿童房、书房、工作室）、厨房、2个浴室、多功能室、屋顶	用主妇亲手做的家具和小品来装饰的独立住宅。基础款的装修可以随心所欲地变化。	Blog.naver.com/scent0104

客厅

以白色为基础色，积极地使用自制的布艺小品让装修不单调。装饰墙面的复古风照片给客厅增添生机。

把复古设计的钟表粉刷后打磨，改造出全新的感觉。

1_看得见四季变化的好风景的房子

张贞旭主妇的家是位于忠清北道阴城郡的独立住宅。透过通窗能看见随着季节变化的风景和庭院里漂亮的树木。不知道是不是这个原因，在尽情享受自然长大的道海的脸上也能感受到更大的幸福。

2_有壁炉的风景

从前安置的壁炉因为换气问题只能做装饰用，在新买的壁炉前面全家人聚在一起烤地瓜吃。为了避免在夏天看起来热，用藤制家具遮挡视线。

3_给室内降温的钩针编织品

白得几乎耀眼的钩针编织品看上去很清凉，正适合在夏天做装饰用。与其他的小品也能搭配，所以到夏天就会拿出来。

4_为孩子定做的空间

虽然孩子有单独的房间，但客厅里也另设了单独的空间。为了与客厅整体主题搭配，选择了白色的书架。沙发旁边放置了能整洁收纳玩具的浅色玩具收纳盒。

1 沙发和扶手椅是宜家的产品，桌子是自制的。
2 空调罩是自制的。
3 格子靠垫是自制的。
4 粉色小猪玩具收纳盒是Step2的产品。

1

2

1 净水机外罩是自制的。
2 可以自由调整角度的灯具是在乙支路照明商街购买的。

3

厨房

入口和窗户都是拱形的，让厨房散发着异国风情。装修的时候做的白色厨房家具让厨房看起来更宽敞的同时与原有的家具也很协调。

1_仿若地中海的厨房

白色厨房的梦想在这个家里得到了实现。用壁柜甚至把油烟机都美观地遮挡起来的白色厨房，就像铺满洁白沙子的地中海一样耀眼。

2_让空间更明亮的照明

装修的最后一个关键就是照明。能自由调整灯泡方向的现代款的5头吊灯越是黑暗就越是显眼。

3_中世纪欧洲感觉的拱形门

令很多人羡慕的拱形厨房入口和窗户，让厨房即便没有其他的装饰也足以弥漫出异国风情。白天有透过窗户进来的充足阳光，晚上有利落的枝形吊灯，厨房总是明亮的。

现代化的设计和颜色都很出众的台秤和厨房用定时器是DULTON的产品。

4_ 似乎相似实则不同的白色筵席

搬来之前厨房也是料理空间和用餐空间都用白色装修。餐桌、椅子、各种收纳柜和自制的小品等各种白色的物品协调搭配。

5_ 按照喜好改造的餐具柜

餐边柜是在网上团购的。对收纳柜上打出的心形孔和把手都不满意，所以进行改造后变成自己想要的风格。

6_ 复古的珐琅容器

珐琅容器以朴素和简洁为魅力。食品或者调料等放进漂亮的容器里保管，厨房就变得更加整洁。

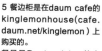

5 餐边柜是在daum cafe的kinglemonhouse(cafe.daum.net/kinglemon）上购买的。
餐具是Portmeirion的产品。分离收取箱是自制的。
6 珐琅罐子在各种网上购物店都可以轻易买到。

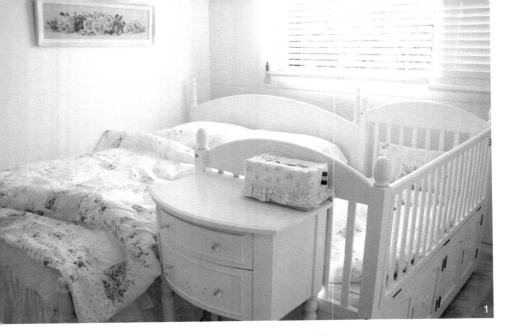

1 床是庆州家具街上购买的。
儿童床是petitlapin(www.petitlapin.co.kr)的产品。
立柜是改造的。做旧玫瑰图是在DAUM Cafe的美家装修（cafe.
daum.ner/housemaking)上购买的。

卧室

窗外茂密的树林就像一幅画一样。卧室也配合整体氛围主要使用白色来装修，用自制的布艺床上用品进行点缀。

1_温馨的白色系卧室

墙面和天花板自是不用说，从床到边柜都是选择的白色，特别温馨。新怀旧风的床上用品是自制的，不但夫妻两人的床上用品，连孩子的床上用品和枕头都是用同样的面料来做的，以达到统一。听说孩子的床上用品是孩子出生前就开始做的。

2_替代图画的窗外森林

摆放床的时候让头冲向窗户一侧，每天早晨就会以舒畅的心情睁开眼睛。凉爽的森林本身就是感动的源泉。

3_整洁的壁柜

装修的时候与厨房家具一起做的壁柜，选择了通风良好，与家具也容易搭配的设计，入墙式壁柜设计在不太宽的房间里非常有用。

玄关&露台

玄关放置上可爱的小品和植物，装饰成一个葱绿的空间。直接与厨房连接的露台用户外餐桌和遮帘装扮得像一个悠闲的简易咖啡厅。

1_让幸福进来的玄关

与家里的整体主题搭配，用白色&田园风来装饰玄关。歪斜得随意自然的梯子、旧玫瑰门签、小巧的儿童雨靴，还有绿色植物和谐搭配，构成氛围朴素而又明亮的玄关。

1 白色长椅是在THE DIY（www.thediy.co.kr）上购买半成品后油漆而成的。
2 钥匙柜是在Modernhouse上购买的。
3 音响是在10×10（www.10×10.co.kr）上购买的。

2_复古的钥匙柜和镜子

玄关门旁做了抹灰的墙面挂上一个复古的钥匙柜。相框式的镜子也带来少许的趣味。据说在玄关挂镜子的时候一定要挂在侧面墙上风水才好。

3_自然的户外餐桌

露台上放上木质的餐桌和折叠椅，随时可以享受下午茶。逐渐增添花盆，完成一个咖啡厅氛围的露台，是她的梦想。

1

有露台的现代复式公寓

金水晶主妇在决定改造房屋的同时，希望能够最大化地使用原有的家具和小品等。
遵守这一原则的同时，把原本用来保管不常用物品的复层按照丈夫的意思改造成
了家人休息的空间，这是她最为满意的地方。孩子的房间也值得注目，仅靠改变
墙面颜色、灯光和小品就变得招人喜爱了。

data

家庭构成	房屋结构	特点	主页
夫妻二人 儿子（8岁）	179m²(54坪复式公寓） 客厅、4个房间（卧室、儿童房、 书房、阁楼房）、厨房、2个浴 室、多功能室、阳台	把曾作为仓库来使用的复层露台变 成休息空间，家里各处适当地使用 多种颜色完成生动的装修。	www.marmelo.kr （施工公司-Mar- melo的主页）

厨房&客厅

曾经平凡的客厅通过改造重生成为了一个画廊一般的空间。特别是各种颜色的布艺小品和谐混搭的创意很惊艳。

1_谈笑风生的厨房

厨房装修得很温馨，以至于家人在厨房度过的时间比在客厅都要多。整体上现代氛围的家具和吊灯和谐搭配。可容几个人同时坐下的长椅上有靠垫，即使坐久了也很舒适。

2_凸显颜色搭配的空间

装饰条贴成方格图案后整洁的墙壁与任何风格的家具都能很好地搭配。沙发旁边并排放上设计简练的椅子，用清爽的绿色窗帘增加亮点。

3_壁炉风格的艺术墙

普通的墙面上做上壁炉风格的异国风艺术墙，把电视整洁地收纳进去。艺术墙两边做上简单的搁板，兼有展示和收纳的功能。利用搁板进行收纳的时候，不能把各种东西铺开放上，而是要考虑与房间整体主题搭配与否来重点摆放，看上去才不会杂乱无章。

1

2

露台&卧室

曾用作保管杂乱物品仓库的复层露台重生为家人的另一个休息空间。卧室配合装修主题把原来的床换成黑色，再挂上枝形吊灯进行点缀。素净色系的窗帘让人感觉柔和又温馨。

1_看得见天空的露台

通过改造，有着最引人注目的变化的空间就是复层的露台。天花板是玻璃材质的，景色虽好，但沦落为仓库就不免有些遗憾。在这里铺上木地板，摆放上竹制的沙发，装扮出一个悠闲的休息空间。

2_偏重照明的纯色卧室

用黑加白的纯色来装扮，强调现代感的卧室。过多使用黑色的话就容易显得沉重，但搭配上柔和的素净窗帘就会减轻沉重感。再加上有体积感的黑色枝形吊灯，完成高级又罗曼蒂克的空间打造。

儿童房

儿童房里汽车造型的床、复古的电影海报、蜜蜂形状的照明等风趣的家具和小品演绎出轻快感。红色、蓝色、绿色等鲜明的颜色让空间更加有趣。

1_考虑情绪发展的颜色搭配
儿童房里用儿子河俊喜欢的蓝色和安定情绪的绿色、黄色等色彩混合搭配，汽车模样的床和复古电影海报等有趣的家具和小品吸引人的视线。

2_精心利用空间的书架
在很容易空出来的窗下空间，做上矮书架精心利用起来。颜色鲜艳的玩具、蜜蜂模样的照明，还有橙色百叶窗和谐搭配，演绎出活泼的氛围。

1

古典魅力中添加自然元素的空间

距离复杂的城市中心车程10多分钟，在行政区域划分上分明属于仁川广域市，但拾掇利落的田地却分明就在眼前。李美静主妇对自己的村庄充满无限热爱，甚至梦想回乡务农，在那里，自然的朴素和都市的便利水乳交融。她珍惜树、石头、植物等自然里的一切东西，她的喜好融进家里的每一个角落。

data

家庭构成	房屋结构	特点	主页
夫妻二人 儿子（18岁） 女儿（16岁）	192m²(58坪公寓) 客厅、4个房间（卧室、2个儿童房、书房）、厨房、2个浴室、多功能室、阳台	搭配黑色或者棕色类深色家具装饰出感受到古典气韵和自然美的空间。	Blog.naver.com/ happykyungah

客厅

她装修房子的时候最侧重的要素就是"色调"。在选择明亮又柔和色调装修的同时，为了看上去不那么轻佻，放进深色的家具，给以适度的重量感。

不开主照明，打开壁灯的话就会演绎出朦胧的氛围。

2

3

1_明和暗，色调的调和

沉重的真皮沙发和薄荷色的单人椅、法式照明等，亮色和暗色恰当融合在一起，法式风格的施工和复古风格的家具的混搭设计也增添一份洗练美。

2_起到装饰效果的家具

客厅家具中最为惹眼的是薄荷色的扶手椅，柔和倾泻而下的曲线展示着优雅。喜欢养花草的她特别珍爱的是那盆倾注20多年心血用心培养出来的千年木。像所有的非洲植物一样，千年木演绎着异国的风情，在它结实树枝上挂上鸟笼和鸟状的饰品，增添一份可爱。

3_怀旧的复古小品

桥状的漂亮立柜上面用复古小品进行装饰。把很久以前购置的小品恰当地摆放在正确的地方的感觉很出众。

4_精致的天花板装饰

客厅里还有一处值得注目的地方，就是天花板，没有用普通的灯箱，而是贴上精致而优雅的装饰条进行装饰，让复古感觉的枝形吊灯更加突出。

1 沙发是在MIRAGE家具购买的。茶几和靠垫是Sookweehome的产品。
2 立柜和扶手椅是Sookweehome的产品。
4 枝形吊灯是在Vivina-Lighting(www.vivina-lighting)上购买的。

4

5

不抢眼、整洁而又高级的墙面装饰很突出。复古的电视柜和各种花草浑然一体增添舒适感。

自制的瓷碗，
适合养小鱼。

5 电视柜和扶手椅是Sookweehome的产品。
6 装饰柜是在Sookweehome购买的。
7 立柜也是Sookweehome的产品。

5_郁郁葱葱的客厅

选择的是与沉重的家具颜色协调的黑白色艺术墙。边沿用闪光的黑色石头，里面贴上哑光的珊瑚石瓷砖，构成高档感觉的艺术墙。采光良好的家里植物长得格外好，能阻挡电磁波的虎尾兰繁殖力很强，必须得把叶子捆起来。海芋不断冒出新叶，必须特意修剪。

6_古色古香的装饰柜

为喜欢酒的丈夫在房间之间的角落里放上了酒柜。在多少有些沉重感的家具上放上带穗的蕾丝装饰和小花盆进行点缀。

7_兼具休息和装饰功能的角落

沿着客厅和厨房之间的墙面放上了小立柜和扶手椅。立柜上面放上她自制的瓷器和香炉，可以边闻着淡淡的香气边休息。

6

7 简单的白色墙面和古典的家具搭配协调。

宽阔的玄关前厅挂着复古的玻璃吊灯，打造成温馨的空间。

2 威尼斯镜子是在annaprez(www.annaprez.com)上购买的。
小猫装饰品是在巴黎旅行时买来的。

玄关&阳台

前厅特别宽阔的玄关是提高人们对家的期待的地方。虽然现在都把扩建阳台看作是必需的，但她为了那些花草让出了采光最好的空间。

1_功能和风格都要有的前厅

比起其他地方来，玄关前厅比较宽敞，所以制作并安放了长椅来方便穿鞋脱鞋。可称作承担施工的House YuMe的标志的夹丝玻璃屏门与明亮又温暖的整体装修氛围也很协调。

2_三只小猫迎门的玄关

走过玄关前厅，一进入室内，就会与三只小猫迎面相遇。它们竖起耳朵，前爪温顺地并在一起，斜着脑袋顾盼着。

3_阳台上的室内庭院

一点都没有常见的杂物，只有满满当当的植物和石头的阳台。大大小小的花草聚在一起，但整洁得仿佛就像一直在那里一样。

厨房

站在玄关处，左侧有一个放餐桌的餐厅。以吧台为分界，把料理空间和用餐空间分开。从客厅通过拱形的装饰线看见的一侧是由优雅的枝形吊灯和灰色调的木门构成的用餐空间。

小巧的鸭子装饰是自制的。

1 餐桌套是在Sookweehome上购买的。
蓝色装饰盘是RoyalCopenhagen 的产品。

1_浪漫的法式风格厨房

在入口设置拱形的装饰，让厨房变得有些神秘。高级图案的进口壁纸和曲线设计的枝形吊灯一起构成优雅的法式风格。天花板上的装饰条让照明更加夺目。

2_考虑视线遮挡和动线的U形厨房

在L形的橱柜上增加吧台，构成主妇们最喜欢的U形厨房。光洁的白色橱柜和驼色的瓷砖共同演绎温暖又平和的氛围。

1 桌子和椅子都是在釜山家具园区购买的。
拼布床上用品是设计师张应福的作品。

卧室

格子窗户、拼布床上用品和黑褐色的家具装扮出的卧室，散发着朴素又传统的气息。

1_暖意停留的休息空间

认为卧室最重要的功能是休息，所以没有放很多的家具，只放了床和圆桌进行装饰。床上用品也选择了融进我们固有情绪进行设计的张应福设计师的床上用品，来展示韩国的美。在卧室中光线最好的地方放上茶几，布置下一个分享欢乐的空间。

2_利用间接照明的角落

在她家，除了主照明之外还使用了壁灯和蜡烛等各种间接照明，感受淡淡的舒适的氛围。象牙色壁灯是Vivinalighting的产品，与柔和的壁纸还有复古的相框也很搭配。

1

![书房图标] **书房**

在一个房间里放上沙发，做上结实的书架，装饰成家人共同使用的书房。柔软的沙发和各种书让心也变得丰盛起来。

2

1_家人共享的书房

装修施工的同时做的书架结实得用一辈子也没问题。从孩子们读的全集到夫妇俩的小说，各种书籍并排放在一起的样子看上去很舒服。

2_舒适又实用的布艺沙发

书房的空间比较宽敞，所以把从前家里客厅用过的沙发放进来。布艺的沙发洗起来容易又结实，虽然已经用了十多年，但今后几年应该也能稳稳当当地使用。

散发古朴美的复古大房

对装修感兴趣的很多人大都不喜欢樱桃木色装饰条，但申正琳主妇把樱桃木色装饰条和家具恰当搭配在一起，演绎出凝重的复古风格。处处展示的小品都是帮助完成复古风格的物品，还有很多顶尖手艺的独特布艺品。

data

家庭构成	房屋结构	特点	主页
夫妻二人 女儿（10岁） 儿子（8岁）	179m²(54坪公寓） 客厅、4个房间（卧室、儿童房、书房、工作室）、厨房、2个浴室、多功能室、阳台	古典的家具和饰品营造出古朴氛围的家。古董刺绣画框和处处发光的精致壁灯很有魅力。	Blog.naver.com/delilaim

客厅

黑色和银色搭配的真皮沙发和深重木色的地板增添重量感的客厅。一面墙壁上贴了异国感觉的深绿色壁纸，年代久远的古董家具更加闪亮。

1_纯色系的古典休息室
虽然用色节制，但并没有单调的感觉。用威严的黑色进行统一的同时，挑选了轮廓突出的家具，看上去并不生硬。

灯罩出众的壁灯是在Ebay购买的。

2_华丽的茶具打造的英国式下午茶
就仿佛坐在花田里一般，华丽的复古茶具让下午茶时光更加愉快，就像一针一针用心刺绣出来的图案与真正的刺绣杯垫展示着幻想般的和谐。

3_罗曼蒂克的落地灯
哪怕是同样的空间，照明不同氛围也会不同。有着显眼的粉红色灯罩的落地灯一打开，瞬间就将房间变成罗曼蒂克的氛围。绣着穿美丽裙子女人的刺绣相框在灯光下更加耀眼。

1 沙发、桌子、单人椅子、靠垫都是Sookweehome的产品。
2 茶具垫是ROYALALBERT的产品，现在已经停产。
卷帘蕾丝窗帘是自制的。
3 粉色灯罩的落地灯是oldlight(www.oldlight.co.kr)的产品。左侧的燕麦色刺绣面料和刺绣画框是在Ebay上购买的。装饰柜是在tazaledeco(www.tazale.com)上购买的。

客厅

以优雅的线条为特征的家具上摆放搭配的小品，将装饰效果最大化。复古的毯子掩盖容易感觉沉闷的古董风格的厚重感，在Ebay上购买的刺绣画框林立的墙面就像画廊的一部分。

在路边小店买来的华丽的花瓶。

1_异国风情的绿色系墙纸
绿色作为墙面颜色多少会有些负担，若利用的好，也能演绎出异国的风情来。这里搭配上古董家具和画框给人古典又愉悦的感觉。

2_利用古朴画框进行壁面装饰
比起衣服来她更喜欢买画框，所以家里每面墙上都美观地挂上了各种画框。

3_旧物之美
由于沉迷在沾染了岁月痕迹的物品的魅力之中，更喜欢年代久远的物品。大部分的东西都是从Ebay上购买的。花朵图案的窗帘用的是在Ebay上中标的餐桌布。

4_饱含诚意的复古毯
就像是奶奶用心钩织出来的色彩鲜明的复古针织毯。不管是叠放，还是自然地搭在椅子上都很有存在感的物品。稍微土气但能感受到温暖是复古毯子的魅力。

1 书桌是在tazaledeco上购买的。落地灯是oldlight的产品。餐边柜是在容器世界购买的。墙面的绿色壁纸是daedong壁纸的产品。
2 古董刺绣画框都是在Ebay上购买的。
3 藤沙发是在梨泰院古董店购买的。
落地灯和毯子都是在Ebay上购买的。

与家里大部分空间里的古典风格形成对比，厨房装成了较为轻快的普罗旺斯风格。自然感觉的家具和古典的餐具浑然一体，给人与众不同的感觉。

高级感的金点三层盘是在Ebay上购买的。

1 餐桌和椅子是在ann-house(www.ann-house.com)上购买的。

1_休闲的普罗旺斯风厨房

与体积最大的法式餐桌的氛围搭配，装修成普罗旺斯风格是一大特点。安放上与餐桌搭配的加上藤材质的绿色系椅子，用盘子装饰和墙贴进行点缀。

2_活用天然亚麻素材

用与普罗旺斯风格十分搭配的亚麻做成窗帘挂上，贴上"CAFE"字母。鸟笼和鸟状的墙贴给人温暖的感觉。

3_优雅的餐桌摆设

有绿松石色的餐桌装饰布和餐具垫，以及餐桌中央花饰的摆设令人赏心悦目。餐具也是她的收集品之一，所以连下午茶时间都设计得很美好。

2

1

工作室&书房

工作室用绿色的壁纸和复古的布衣柜温暖装修。书房主要是丈夫使用，装修舒适，降低色彩鲜明度。

1_工作室里的温馨休息空间

在工作台和缝纫机占据了大部分空间的工作室一侧安放上长沙发椅，打造一个工作时随时可以舒适休息的空间。小巧的少女图案靠垫一下子就抓住人的视线。

2_有漂亮书架的书房

书房主要是丈夫在使用，深木色的书架和木地板搭配在一起，给人古色古香的感觉。书架是在Costco购买后组装的，但看上去很结实，不像组装家具。

3_导演出寂静风景的小品

想要装扮出独特氛围的时候，比家具更能发挥作用的是装饰小品。安静的紫粉色壁纸和钢琴上的复古小品构成一幅仿佛让时间都停下来的寂静风景。

4_复古感觉的布艺柜

复古风格的蓝色原木布艺柜和拼接窗帘是田园风的主要元素。定做的布艺柜正适合整洁地收纳布料。

营造幽雅情调的Villeroy&boch的Botanica烛台。

1 画框、壁灯和刺绣靠垫都是在Ebay上购买的。
3 壁纸是daedong壁纸的Helena plum。
4 布艺柜是在zazaknamoo(www.zazaknamoo.com)上购买的。

3

4

卧室

利用自制的各种布艺品来定期赋予变化的卧室。适当利用了古董梳妆台和搭配和谐的罗曼蒂克小品，以及清爽感觉的条纹窗帘。

法式风格的壁灯购自Ebay。

与壁纸十分搭配的复古油画也是在Ebay上购买的。

1 复古毯子是在Ebay上购买的。
立柜是在梨泰院古董店购买的。
2 拼接靠垫是自制的。
3 壁灯和蓝色刺绣是在Ebay上购买的。

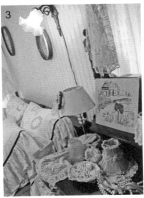

1_各种布艺品的混搭

各种各样设计的布艺品值得一看。从床上的针织毯和罗曼蒂克的棉质床上用品到盥洗室入口的蕾丝窗帘，感觉就像身处布艺品画廊。

2_古董梳妆台让空间更温馨

空间不大，所以除去床外没有放大型家具。而是经过再三考虑后选择了小体积的古董梳妆台，与深色地板和谐搭配，演绎出更加温馨的氛围。

3_罗曼蒂克小品点缀

像珍珠项链一样的时尚小品和带蕾丝的罗曼蒂克灯罩本身就是华丽的饰品。绣上田园风光的蓝色绣品轻轻靠在梳妆台上进行点缀。

儿童房

用不同图案的粉色壁纸打造立体的空间。尽量少用装饰品，与其他空间一样，集中用床上用品、窗帘、靠垫等各种布艺小品进行装饰。

1_感受到心跳的华盖床

一下子就映入眼帘的华盖床是这个房间的关键物品。高高的柱子强调出秘密少女情怀和优雅的氛围。几乎触及地板的绿色条纹床上用品增添一份洗练美。

2_效率收纳家具

因为是两个孩子共同使用的房间，所以安放了几个收纳功能强的家具进行整理。简单的白色家具和粉色的条纹壁纸让房间更加整洁，看上去也更大。

3_可爱图案的大集合

条纹、方格、漫画插图等各种图案有趣地汇集在一起的空间。蓝色的拼接窗帘和床上用品都是她自制的，给空间增添活泼感。

1 华盖床是housen(www.houosen.co.kr)上购买的。
床头靠垫和绿条纹床上用品是自制的。
粉色壁纸是Harlequin的产品。
2 条纹壁纸是SHALOM 壁纸的产品。

Every Interior Style Right Here

Text & Illustration Copyright © 2012 Samseong Publishing Co., Ltd Editorial Department
Originally published by Samseong Publishing Co., Ltd.
Simplified Chinese translation copyright © 2014 Publishing House of Electronics Industry
This Edition is arranged by PK Agency, Seoul, Korea.
No part of this publication may be reproduced, stored in a retrieval system or transmitted
in any form or by any means, electronic, mechanical, photocopying, recording, or
otherwise without a rior written permission of the Proprietor or Copyright holder.

本书简体中文版专有出版权由Samseong Publishing Co., Ltd授予电子工业出版社，未经许
可，不得以任何方式复制或抄袭本书的任何部分。

版权贸易合同登记号　图字：01-2014-2672

图书在版编目（CIP）数据

这样装修不会乱花钱 / 韩国三星出版社编辑部著；王梦君译.
北京：电子工业出版社，2014.7
（小创意大幸福）
ISBN 978-7-121-23184-1

Ⅰ. ①这… Ⅱ. ①韩… ②王… Ⅲ. ①住宅－室内装修 Ⅳ. ①TU767

中国版本图书馆CIP数据核字（2014）第094961号

责任编辑：田　蕾
文字编辑：赵英华
印　　刷：中国电影出版社印刷厂
装　　订：三河市鹏成印业有限公司
出版发行：电子工业出版社
　　　　　北京市海淀区万寿路173信箱　邮编：100036
开　　本：720×1000　1/16　印　张：15.5　字　数：396.8千字
版　　次：2014年7月第1版
印　　次：2014年7月第1次印刷
定　　价：59.80元

凡所购买电子工业出版社图书有缺损问题，请向购买书店调换。若书店售缺，请与本社发行
部联系，联系及邮购电话：（010）88254888。
质量投诉请发邮件至zlts@phei.com.cn，盗版侵权举报请发邮件至dbqq@phei.com.cn。
服务热线：（010）88258888。